U0388913

新编农技员丛书

梨生产
配套技术手册

许建锋　王　龙　编著

中国农业出版社

图书在版编目（CIP）数据

梨生产配套技术手册/许建锋，王龙编著 . —北京：中国农业出版社，2012.8
（新编农技员丛书）
ISBN 978-7-109-16958-6

Ⅰ.①梨… Ⅱ.①许…②王… Ⅲ.①梨—果树园艺—技术手册 Ⅳ.①S661.2-62

中国版本图书馆 CIP 数据核字（2012）第 154220 号

中国农业出版社出版
（北京市朝阳区农展馆北路 2 号）
（邮政编码 100125）
策划编辑 张 利
文字编辑 郭 科

中国农业出版社印刷厂印刷　新华书店北京发行所发行
2012 年 10 月第 1 版　2012 年 10 月北京第 1 次印刷

开本：850mm×1168mm 1/32　印张：8.125　插页：2
字数：202 千字　印数：1～6 000 册
定价：19.00 元
（凡本版图书出现印刷、装订错误，请向出版社发行部调换）

前　言

　　梨为我国原产树种，栽培历史之久，品种之多，分布之广，面积之大，产量之多，均居世界之首。虽然我国是梨生产大国，但并不是梨生产强国，在栽培模式、栽培品种、技术水平及推广等方面还存在问题，栽培模式落后造成的管理费工、单位面积产量低和果实品质差仍是我国梨生产中存在的主要问题，也是限制梨经济效益进一步提高的关键因素。近几年我国梨栽培效益较好，果农栽培梨树的积极性高涨，迫切需要技术实用、易懂的书籍指导生产。为此，我们在总结科研成果与实践经验的基础上，参考国内外同行发表的相关文献，编著了《梨生产配套技术手册》。

　　本书共分为11章，主要介绍了梨生产现状和发展趋势，梨树栽培的生物学基础，梨主要种类和品种，梨优质苗木繁育技术，梨标准化建园技术，梨土肥水管理技术，梨整形修剪技术，梨花果管理技术，梨高接换优技术，梨病虫害防治技术，梨果实采收及采后处理等内容。在编写过程中，力求做到内容丰富，通俗易懂，便于操作。本书可供广大果农、果树科技人员和果树业余爱好者阅读参考。

　　本书中推荐的农药、肥料的使用浓度或使用量，会因品种、使用时期、地域生态环境条件的不同而有一定的差异，故仅供参考。在实际应用过程中，可根据产品说明书或在当地技术人员的指导下使用。

在编写过程中，参考了大量已出版发行的书刊，在此谨对编著者表示衷心的感谢。由于时间仓促，水平所限，不妥之处在所难免，敬请广大读者批评指正！

编著者

2011 年 11 月

目　录

二、果面清洁和涂蜡 ………………………………… 233

三、果实包装 ………………………………………… 234

四、梨果运输 ………………………………………… 238

第三节　梨果的贮藏保鲜 …………………………… 239

一、梨果贮藏保鲜的条件 …………………………… 239

二、梨果贮藏设施 …………………………………… 241

三、冷藏库贮藏 ……………………………………… 245

四、气调库贮藏 ……………………………………… 247

第一章

梨生产现状和发展趋势

第一节 世界梨生产概况

一、产量与面积

梨是世界主要栽培果树之一，据联合国粮农组织统计，2008年世界梨收获面积和总产量分别为173.11万公顷和2099.85万吨。梨是世界上发展较快的水果之一，1999—2008年10年间，世界梨收获面积和总产量总体呈稳步上升趋势，2008年收获面积和总产量相对于1999年增长率分别达到13.8%和36.6%，占世界水果（不含瓜类）的3%以上。

从单位面积产量来看，1999—2008年10年间世界梨平均单产变化不大，相对于1999年，2008年的平均单产为12 130千克/公顷，增加了19.5%，年均增长仅为1.9%。在产梨国，单产的差异比较显著，阿根廷和美国梨的单产分别达到了28 888千克/公顷和33 301千克/公顷，远超世界平均水平。

二、分布区域和品种结构

全世界共有76个国家生产梨，其中产量居前10位的国家是中国（65.1%）、意大利（4.1%）、美国（3.9%）、西班牙（2.5%）、阿根廷（2.5%）、韩国（2.3%）、土耳其（1.7%）、南非（1.7%）、日本（1.6%）和比利时（1.4%）。我国梨产业在世界上具有举足轻重的地位，多年来我国梨栽培面积和产量一直稳居世界首位。

在世界梨生产中，可概括为东方梨和西洋梨两大类。东方梨主产于中国、韩国和日本等亚洲国家，包括白梨、砂梨和秋子梨等。其中我国的品种有砀山酥梨、鸭梨、雪花梨、黄冠、库尔勒香梨、茌梨、黄花梨、宝珠梨、苍溪雪梨、苹果梨、京白梨、锦丰、早酥、翠冠、中梨1号、红香酥、雪青等；韩国的品种有黄金梨、圆黄、华山、大果水晶等；日本的品种有幸水、二十世纪、丰水、新高、新水、爱宕、南水、喜水、爱甘水等。西洋梨主产于欧洲、美洲、非洲、大洋洲及亚洲西部等地，主产国有意大利、美国、阿根廷、西班牙、土耳其、南非、法国、印度和比利时等，主要品种有巴梨、安久、康佛伦斯、阿巴特、考密斯、派克汉姆斯、粉酪、红巴梨、早红考密斯等。

三、栽培技术

世界各地的梨生产均向早果、优质、丰产、矮化密植、良种化、机械化方向发展，并强调区域化和标准化，以充分利用自然资源和经济资源，发挥品种优势，形成优质、丰产、低成本的产业化经营模式。

国外梨的矮化密植栽培发展较早、较好，榅桲早在17世纪在英国和法国被用做梨的砧木。在国外生产上应用最多的榅桲A和榅桲C，以哈代等作为亲和中间砧，嫁接西洋梨品种收到良好的效果。近年来，欧洲国家又相继选育了 BA_{29}、Sydo、Adams332、QR193-196、C132、S-1、Ct.S.212 和 Ct.S.214 等砧木。梨属矮化砧木有美国的 OH×F 系，南非的 BP 系，法国的 Brossier 系和 Retuziere 系，在生产中有一定程度的应用。梨属矮化砧木在生产上难于繁殖，矮化能力比榅桲差，也在一定程度上限制其进一步发展。德国育种学家从 Old Home×Bonne Louise d'Arranche 选育出矮化型砧木 Pyrodwarf，该砧木的矮化效果优于榅桲A，并表现早果、果大、易繁殖、与东方梨品种嫁接亲和性好的性状。欧美在梨树栽培方式上，采用篱架矮化栽培模式，而日本和韩国多采用棚架栽培模式，这都是多年摸索建立符合各自国情的梨栽培技术体系。

在梨园土肥水管理方面，欧美等梨果生产发达国家的大多数梨园均采用生草制，能有效培肥土壤，梨园的土壤有机质含量一般都在 2% 以上；梨园的灌溉设施较为完善，能做到根据树体生长发育需求适时补水；在施肥措施上能做到对土壤和树体进行定期营养诊断，并以此为根据科学施肥。

梨园病虫害防治方面，采用果园综合管理（IFM 或 integrated pest management，IPM）即综合应用栽培手段、物理、生物和化学方法将病虫害控制在经济可以承受的范围之内，从而有效地减少化学农药的用量。美国的水果 100 强生产企业（农场）中，94% 采用 IPM 技术（其中 70% 减少化学农药的使用，63% 采用益虫控制虫害，49% 应用生物杀虫剂，24% 生产有机果品）。日本在梨黑星病害的监测、经济阈限的确定等方面都采用计算机模拟，使得 IPM 决策更准确、更迅速，明显地减少了化学农药的使用。

梨果质量控制方面，梨果采收后，经人工抽样，无损伤检测固形物、成熟度和干物质含量，机械清洗消毒、0℃条件下冷库或气调库贮藏，分级包装后进入市场。全过程纳入质量安全可追溯系统（traceable system for quality and safety）。

四、梨果加工与销售

全球梨的加工主要集中在北半球，加工比重为世界梨总产量的 10%，主要生产梨罐头，其次为梨浓缩汁、梨酱、梨酒、梨醋，还有少量的梨保健饮料、梨夹心饼、蜜饯及梨丁等。西洋梨的巴梨是最主要的罐藏与鲜食兼用品种，其次为康富伦斯（Conference）。日本梨主要是鲜食，兼用于加工的品种有二十世纪、长十郎、独逸等；韩国梨也主要是鲜食，兼用于加工的品种主要是新高、长十郎。全球 90% 的梨浓缩汁来自美国和阿根廷，因其能保持西洋梨原有风味、营养，深受欢迎。

在贸易方面，2009年中国、阿根廷等国梨的出口量为163万吨，中国和阿根廷仍是世界上最大的梨果出口国。俄罗斯和欧盟27国仍是主要的梨果进口国家和地区，巴西、墨西哥、美国、加拿大等也是进口量较多的国家。近年日本的水晶梨在纽约市场、我国的雪青等梨品种在欧洲市场上深受欢迎。世界梨出口价在550～760美元/吨内波动。西洋梨出口价格较高的国家有意大利、德国、荷兰等，中国、智利、南非等国家价格都低于世界平均水平；东方梨出口价格较高的是日本和韩国，其出口价格都远高于世界平均水平，为我国梨出口价格的近6倍。

第二节 我国梨生产概况

一、栽培面积与产量

梨是我国重要水果之一，在国内均位居全国水果栽培面积和产量的第三位。据联合国粮农组织统计，2008年我国梨栽培面积和总产量分别为125.814万公顷和1 367.64万吨，分别占世界总量的72.7%和65.1%，均居世界首位。尽管如此，我们应清醒地看到，我国还不能称为世界梨生产强国，因为单产水平、果品质量和栽培管理水平与世界梨生产先进国家比较还是有一定差距。2008年我国梨单位面积产量为10 870千克/公顷，但与同为东方梨生产国的韩国和日本相比差距仍然较大，其单位面积产量分别为25 756千克/公顷和20024千克/公顷，分别是我国单产的2.4倍和1.8倍。

二、分布区域和品种结构

我国梨种植范围较广，除海南省、港澳地区外其余各地均有种植。其中河北省的栽培面积和产量均居我国首位，其次为山东、陕西、新疆、辽宁、甘肃、山西、安徽、四川、浙江等。从我国梨栽培品种上看，主要有砀山酥梨、鸭梨、雪花梨、库尔勒香梨、黄花梨、金花梨、南果梨、早酥、苹果梨等，其中中晚熟梨所占比例较大，尤其以砀山酥梨、鸭梨这两个品种最为突出。但值得注意的是，有些虽然是近年来发展的新品种，但由于盲目发展，也表现出一些明显的缺陷。

三、栽培技术

在栽培体系方面，我国多数梨产区仍沿用传统的大冠稀植的栽培技术体系，树体结构和群体结构不合理，梨园郁闭现象时有发生，不仅影响梨果的品质，而且管理困难、费时费工，加大了生产成本。因此，对现有梨园的树形和树体改造，成为亟待解决的问题。新建梨园应改变观念，采用矮化密植栽培技术体系，简化管理技术，推行梨园机械化生产，减少用工费用，实行梨园标准化、规范化管理，实现简约生产，节本增效。

在土壤管理制度方面，我国绝大多数梨园长期采用清耕制，有机肥施用量不足，导致土壤营养失调，果实产量和品质下降，经济效益不高。另外，梨园除草使得用工成本大大增加。改用生草制，不仅可以提高土壤有机质含量，改善梨园环境，而且可以减少用工投入。

在施肥和灌水方面，绝大多数梨园施肥上存在比较严重的盲目性，特别是偏施氮肥，致使土壤有机质含量匮乏，土壤板结，通气性差，营养失衡，导致果品质量差，风味寡淡，市场竞争力低。灌溉技术普遍落后，不仅浪费水资源，增大生产成本；且多数梨产区片面追求产量，在果实接近成熟期间浇水、使用氮肥过多，导致梨果品质及耐贮性下降。应提倡施用有机肥为主，化肥为辅，采用诊断施肥等科学施肥技术，重视微量元素的使用，特别要重视钙、硼等元素的施用。逐渐淘汰大水漫灌的落后做法，逐步实施滴灌、微喷、渗灌等先进的灌溉技术。

在采后处理方面，与发达国家相比，采后处理环节薄弱，产业链联系不紧密，产销各环节联合抵御风险的能力很差，产业化水平还有很大差距。

四、梨果加工与销售

我国的白梨、砂梨的主栽品种适用于鲜食，但秋子梨的很多品种具有鲜食和加工兼用的优点。我国市场上的梨果有 80％以上用于鲜食。而我国在梨果加工方面，近年来呈上升趋势，2009年梨果加工量约 110 万吨，占总产量的 8％，说明我国梨果加工的能力有所提高。但是，我国加工专用品种少，多数加工业主要用当地价格便宜的残次果进行加工，如河北、北京用鸭梨，山东用长把梨和鸭梨，安徽、陕西及江苏主要用砀山酥梨等。另外，我国加工产品的种类较少，梨浓缩汁和梨罐头依然是最主要的加工品。

在梨果出口方面，2009 年我国梨出口量已超过阿根廷，跃居世界第一，但出口量依然与我国生产大国的地位不相称，出口量 47 万吨，占我国总产量的 3.4％，远低于世界平均 10％的水平。出口国家和地区以俄罗斯、东南亚各国和我国港澳地区为主，其次为欧洲、北美、中东等。出口品种以鸭梨、酥梨和库尔勒香梨为主，近年来，我国培育的新优品种如黄冠、中梨 1 号、雪青、五九香等出口量也在逐年增加。

第三节　我国梨产业发展趋势

一、品种区域化，生产规模化

每个品种都有其最适宜的环境条件，只有在最适宜的条件下，才能以较小的投入获得最佳的经济效益。因此，要因地制宜，适地适栽，适当集中的原则，科学规划，合理布局。不同的生态栽培区，应将具有自己特色的优良品种作为主栽品种。

进行规模化生产，建立大型果品化生产基地，这样，不仅有利于新技术、新品种的普及和技术的标准化和一体化，从而提高梨果的质量，而且有利于创立品牌，集中远销，扩大销售和出口。

二、梨果生产简约化、标准化、机械化

在梨园管理人员老龄化和劳务费持续上升的形势下，实行矮密化、简约化、标准化和机械化生产，简化栽培管理技术，改变栽培模式，减轻劳动强度，提高梨园机械化管理水平，减少梨园管理成本。

三、革新地下管理制度，实现梨园的可持续发展

实施行间生草、行内覆盖的土壤管理制度；推行诊断施肥等科学施肥技术；实施滴灌、微喷、渗灌等先进的灌溉技术；积极推进肥水耦合技术，建立适宜我国国情的地下管理制度。从源头上解决制约我国梨树优质丰产这一根本问题。

四、安全化生产趋势

采用绿色生产，实现农业的可持续发展已成为各国农业政策的优先选择。目前有机农业生产制度、IPM 制度（病虫害综合防治制度）、IFP 水果生产制度（果实综合管理技术）等以生产绿色果品为目标的生产制度在发达国家广泛开展。在世界有机杀虫剂生产的大本营德国，有机食品生产量已占到食品生产总量30％～50％。发展中国家也予以高度关注，迫于贸易压力在安全生产方面制定和执行了一系列标准和操作技术规程。

五、采后处理、贮运的标准化趋势

我国梨果采后商品化处理率较低，造成梨果附加值低下，因此，加强梨采后处理、包装、贮运技术的研发，建立健全梨采后

处理技术体系和从产地到销售市场的贮运技术体系，降低采后损失，是提高梨果实采后附加值的必然途径和趋势。

六、食用安全性成为梨果生产和消费的共同发展趋势

食用安全性已成为梨国际贸易的制约因素，因为消费者不仅关心果品外观和内在的品质，而且越来越关注梨果的食用安全性。目前，我国梨生产和营销过程缺乏有效监管，食品市场准入制度不健全，导致产品溯源管理无法实现。加之我国梨的栽培地域辽阔，规模之大，产量之高，要达到食用安全这一目标，也绝非易事。要想保证梨果的食用安全，必须从生产源头抓起。借鉴国外先进经验，应完善生产、营销和市场各环节监管体系，建立生产许可制度，大力推进区域性梨果营销公司或生产协会建设。通过公司或协会将分散生产经营的梨农组织起来，按统一标准组织生产和经营，并建立生产档案，如此才能从根本上保证生产的梨果达到食用安全标准。

七、梨果加工化趋势

梨果的加工，是拉长产业链、增加产品附加值，提高综合产值的关键。梨果加工业的开发，具有广阔的发展空间。对于罐头和果汁制品，要加强原料基地的建设，生产相应的加工品种；对于果脯、蜜饯等制品，如能更新设备，提高工艺水平，加强包装设计，就能在国际市场占有一席之地。根据梨果具有止咳、化痰和润肺等药用效果的特点，还可进行医疗保健梨产品的开发。梨果加工能满足人们对梨果的不同需求，是实现梨果增值和扩大销路的重要途径。

八、生产组织化和市场销售的信息化

鼓励并扶持果农建立合作组织或果农协会，形成以合作组织或协会为纽带，以"企业＋中介组织＋基地＋果农"的组织化形

式进行梨产业化开发，同时重视加强我国梨生产和市场信息体系建设，使生产者和销售者快速、准确获取国际技术信息和市场信息，以确保梨树产业获取较高的收益，这是提高梨产业化发展水平，促进生产经济效益最大化的一个重要趋势。

第二章

梨树栽培的生物学基础

梨树要生长发育达到结果和丰产的目的，就需要根、枝条、芽、叶、花和果实等诸多器官共同协调。在此基础上还必须了解梨树不同发育阶段的特点和适于梨树生长的环境条件，如温度、光照、水分等。要搞好梨园的科学管理，就必须对梨树栽培相关的生物学知识做全面、深入的了解。

第一节　梨树的年生长周期与生命周期

一、梨树的年生长周期

梨树的年生长周期是指在一年中随着四季气候的变化，梨树表现出有一定规律性的生命活动过程。年生长周期中，果树生长发育有规律的形态变化与季节性气候变化相适应的时期称为物候期。梨树的年生长周期可分为生长期和休眠期。从萌芽始到落叶止为生长期，从落完叶到翌春萌芽前止为休眠期。

（一）生长期

生长期主要包括以下几个物候期。

1. 萌芽开花期　当春季平均气温上升到5℃以上时，梨树的芽开始迅速膨大，芽鳞错开。梨树的花芽比叶芽萌发稍早，花芽萌发分为5个时期，即花芽膨大、花芽开绽、露蕾、花蕾分离、鳞片脱落等，之后进入初花期、盛花期和终花期。叶芽萌发可分为膨大、开绽、鳞片脱落、雏梢伸长4个阶段，之后进入展叶期。

2. 新梢生长和幼果生长期 叶芽萌发后，新梢开始生长，短新梢在萌发后 5～7 天便停止生长，中长新梢在落花后 2 个月内陆续停长。花朵经授粉和受精后，形成幼果。幼果开始生长时，先是果心增大，此后果肉加速生长。在新梢生长期，梨果实生长相对较慢。

3. 花芽分化和果实膨大期 在北方，梨的花芽形态分化多在 6 月中下旬至 7 月上旬开始。通常短梢开始最早，新梢越长开始分化越晚。在越冬前，花芽分化分为开始分化期、花朵原基分化期、萼片分化期、花瓣分化期、雄蕊分化期、雌蕊分化期。果实在 6 月中旬后生长加速，在 7 月至成熟前，为果实生长较快的时期，称为果实迅速膨大期。

4. 果实成熟期 果实经过 4～5 个月的生长发育，其大小、形状及其色香味逐渐达到该品种所固有的特性，此后果实进一步发育达到生理上充分成熟。

5. 贮藏养分蓄积期 果实采收后，梨树根系生长达到高峰，叶片仍能进行光合作用制造糖类，此时通过根系吸收和叶片制造的养分主要作为贮藏营养积累在枝叶中，在落叶前，叶中的一部分养分回流到枝干中去，为树体安全越冬和翌春生长发育提供物质基础。

（二）休眠期

梨树休眠的特点是地上部分叶片脱落，枝条变色成熟，冬芽形成，地下部分的根系暂时处于停顿状态，仅维持微弱生命活动。这是梨树在长期系统发育过程中形成的，是一种对逆境的适应特性。处于休眠期的梨树对低温和干旱的忍耐力增强，有利于度过寒冷的冬季和缺水的旱季。落叶是进入休眠的一个标志，但落叶前梨树体内已进行了一系列的生理生化变化，如叶绿素的降解、光合及呼吸作用减弱，一部分氮、磷、钾转入枝条中，最后叶柄基部形成离层而脱落。

进入休眠的时期和休眠期的长短，因品种、地区和年份不同也存在差异。一般正常落叶是在日平均气温 15℃以下，日照短于 12 小时的情况下开始进入休眠。自然休眠约在 12 月至翌年 1 月。对于梨树而言，只有正常进入并通过自然休眠，才能进行以后的生命活动。解除自然休眠需要在低温条件下度过一段时间，这段时间称为需冷量，通常以≤7.2℃低温的累加小时数表示。生长旺盛的幼树进入休眠晚，解除休眠迟。同一株树上，花芽比叶芽进入休眠早，小而细弱的枝条比旺枝休眠早。同一枝条形成层比皮层和木质部进入休眠晚，解除休眠迟。另外，低温、干旱、短日照促进休眠，肥水过多，枝条旺长，使休眠延迟。

二、梨树的生命周期

梨树一生中的生长、结果、衰老和死亡的全过程，称为梨树的生命周期。梨树的实生繁殖，多用于繁殖砧木和培育新品种，在生产栽培上则多采用嫁接繁殖。嫁接繁殖的梨树的一生要经历营养生长期、结果期和衰老期 3 个阶段。

(一) 营养生长期

营养生长期是指从嫁接繁殖的梨苗木定植到开花结果前的一段生长时期。这一时期需经 2~4 年。此期主要特点是营养生长非常旺盛，新梢和根系生长量大，开始形成骨架；枝条长势强，呈直立状态，树冠多呈圆锥形或塔形；新梢生长量大，节间较长，叶片较大，具有二次生长现象，组织不够充实，越冬性较差，冬季易遭受冻害和冻旱（抽条）。

在栽培管理上，要加强一年中前期肥水管理，保证前期枝叶、根系的健壮生长，迅速扩大树冠，为形成花芽奠定良好的物质基础；同时也要注意生长后期适当控制氮肥和灌水，使新梢适时结束生长，促进组织成熟，以减小冻害和冻旱（抽条）的发生。另外，注意运用修剪的多种方法如目伤促枝、轻剪缓放多留枝、拉枝开角等技术，尽快形成预定树形并增加枝量，为早结果早丰产奠定基础。

（二）结果期

结果期从幼树第一次开花结果起到开始出现产量明显下降等衰老特征为止。结果期梨树一边继续营养生长，一边开花结果。通常再将其细分为结果初期、结果盛期和结果后期 3 个时期。

1. 结果初期　结果初期是指梨树从第一次开花结果到大量结果之前的时期，一般需经 2～4 年。此期主要特点是，营养生长仍然旺盛，离心生长强，枝梢大量增加，树冠和根系继续扩大；枝条生长势趋向缓和，长枝比例减少，短果枝比例增大；坐果率较低，产量不高、果实品质较差。

这一期的长短与栽培技术关系密切，因此此期栽培管理非常重要。主要是合理供应肥水，保证根系和枝条的健壮生长，在完成整形的基础上继续轻剪，建成树冠骨架，培养结果枝组，迅速提高产量，防止树冠无效扩大，保证树体健壮，可使梨树提前进入结果盛期。

2. 结果盛期（盛果期）　从大量结果开始，经过最高产量期，到产量开始连续下降为止，为结果盛期，生产上称为盛果期。此期 50 年左右。栽培管理水平的高低会影响盛果期年限。此期主要特点是，枝梢和根系离心生长减弱，树冠达到最大体积。枝叶生长量逐渐降低，结果部位开始外移，树冠内部光秃现象加重。此期花芽大量形成，短果枝占绝大多数，坐果率高，产量达到最高，果实品质好。如产量控制不好易产生结果大小年现象。

这一阶段栽培管理的任务主要是调节生长与结果的平衡，维持健壮树势，保证优质、丰产、稳产并延长盛果期年限。在技术措施上，要加强肥水供应，调整树冠结构，保证通风透光，调整营养枝与结果枝的比例，逐渐更新枝组和维持外围延长枝的长势。当开花结果过量时，应做好疏花疏果工作。

3. 结果后期　结果后期是从梨树产量连续明显下降开始，到经济产量甚低时为止。此期特点是新生的枝梢表现衰老状态，生长量小，多为弱小枝或短果枝群，结果枝逐渐死亡，向心生长加速骨干枝下部光秃。主枝先端开始衰枯，骨干枝的生长逐渐衰退并相继死亡。根系的生长减弱，分布范围也逐渐缩小。

此期主要任务是更新复壮枝条和根系，延迟衰老，维持一定产量。在管理技术上，注意深翻、施肥，改善根系生长环境，回缩外围枝组，复壮内膛结果枝，控制产量，提高树体营养水平。加强疏花疏果，防止因结果过多迅速衰老。在生产上，此期后一阶段即清除衰老植株，另建新园。

4. 衰老期　此期产量甚微或几乎没有经济效益，大部分植株主枝回枯、向心更新，并有整株死亡，称为衰老期。本期特点是骨干枝、骨干根大量衰亡，结果小枝越来越少，已基本失去经济价值，因此建议拔除植株，重新建园。

第二节　梨树的生长结果习性

一、梨树的生长习性

(一) 梨树体高大，干性强，树势健壮寿命长

形成并保持中心干垂直向上延伸的能力称为干性。中心干生长势明显强于其上着生的主枝的生长势，是干性强的表现，反之则称为干性弱。干性强有利于植株向高处生长。梨树是干性较强的树种，再加之其顶端优势较强，所以幼树向上生长明显，树冠易形成细长纺锤形。在梨树整形过程中，往往根据其干性较强的特性，常采用有中心干的树形。生产中有时存在中心干过强的情况，可采用中心干回缩（落头）的方法来解决。

(二) 梨树萌芽力高，成枝力低

一年生枝上叶芽萌发的能力称为萌芽力，通常用萌发芽占总芽数的百分率来表示，称为萌芽率。梨树的叶芽萌芽率高，除基部个别发育较差的芽以外，均能萌发。此特性使梨幼树能够较快地增加枝量，是其早结果、早丰产的原因之一。余下不能萌发的芽则成为休眠芽，多年的休眠因枝条的增粗逐渐被"埋"于树皮

中，称为隐芽。梨树的隐芽寿命长，受刺激后易萌发。

成枝力是指一年生枝上的芽萌发后抽生长枝的能力。抽生枝条多的为成枝力强，反之为弱。梨树的成枝力弱，长枝适度短截后，剪口下通常发生2个左右的长枝，而长枝长放后多发生1个长枝，其下依次为1～2个中枝和大量短枝，这些短枝极易形成花芽，成为短果枝。梨树成枝力低不利于幼树整形，因此在幼树上常利用目伤促进侧芽萌发较多长枝。

（三）梨树的顶端优势明显

顶端优势是指枝条顶端或接近顶端的芽萌发的枝条生长势最强，而向下的芽萌生的枝条生长势依次减弱的现象。顶端优势的强弱常受到枝条角度、树势、枝条壮弱等因素的影响。枝条越直立，顶端优势现象越明显。斜生枝、水平枝和下垂枝的顶端优势依次减弱。在生产中可通过利用或控制顶端优势来调节枝条的生长。当对长放枝回缩后，先端生长势强后部缺枝，造成后部光秃。在整形修剪过程中要尽量培养后部和两侧的新生枝，以抑制顶端旺长。

（四）梨树顶芽、侧芽发育良好

梨树新梢生长主要集中在春季，且停长较早，较少发生萌发秋梢。梨树这一生长特性使其修剪主要靠冬剪，夏季主要是拉枝、环剥等。梨树短枝多，发育健壮，叶片大，芽饱满，这是梨树较苹果结果早的生物学基础。

（五）梨树基部副芽发育好，而且寿命长，是休眠芽的主要来源

叶芽外层附有较多革质的鳞片，最外层两个鳞片腋间各有一个微小芽体，就是副芽。副芽受到刺激则会抽生枝条，可用于树冠的更新。

二、梨树的结果习性

1. 梨树开始结果年龄，因树种和品种而异　　一般砂梨较早，

为 3～4 年；白梨 4 年左右；秋子梨较晚，为 5～7 年。但品种间差异亦大，如白梨中的鸭梨，3 年即结果，而蜜梨要 7～8 年才结果。地方气候亦有关系，如蜜梨在江苏南部栽培，11 年以上才结果。日本梨多数在我国 3 年即可结果，而在日本要 5 年左右。梨树枝条转化为结果枝较易，适当控制顶端优势，开张角度，轻剪密留，加强肥水，即可提早结果。河北石家庄果树研究所的亩 * 栽 334 株密植鸭梨，2 年结果，3 年亩产达 4 322.5千克。

2. 梨树花芽容易形成，且花量大，坐果率高，落花落果轻，故梨树是高产果树 一般 20 年生以上树株产为 100～150 千克，亩产 3 000～4 000 千克很容易。高产者亩产可 8 000 千克左右。所以为提高果品质量，要求生产上产量连年稳定在 2 500～3 000千克/亩为宜。

3. 梨树一般以短果枝结果为主，中长果枝结果较少 初结果树，易见中长果枝结果，盛果期树则以短果枝结果为主。

4. 梨树短果枝连续结果能力强 成年梨树在果台处发出的新梢称果台副梢，果台副梢当年又极易形成花芽，翌年开花结果，这种现象称为连续结果；连续结果 2～3 年后，形成短果枝群，可以连续多年结果。

5. 梨树自花结实率低，大多为异花授粉品种，且有花粉直感现象。应注意配置充分和适宜的授粉品种。

第三节　梨树对环境条件的要求

一、温度

不同种类的梨，对温度的要求不同。秋子梨最耐寒，可耐

---

* 亩为非法定计量单位，为方便读者应用，本书暂保留。1 亩 ≈ 667 米^2。
——编者注

−45～−30℃，白梨可耐−25～−23℃，砂梨及西洋梨可耐−20℃左右。不同的品种亦有差异，如苹果梨可耐−32℃，新疆的库尔勒香梨可耐−30℃，比其他种梨耐寒。梨树经济区栽培的北界，与1月平均温度密切相关，白梨、砂梨，不低于−10℃；西洋梨不低于−8℃，秋子梨以冬季最低温−38℃作为北界指标。生长期过短，热量不够亦为限制因子，通常确定以≥10℃的日数不少于140天为栽培区界限。

梨树的需冷量，一般为<7.2℃的时数达到1 400小时，但树种品种间差异很大，鸭梨、茌梨需469小时，库尔勒香梨需1 371小时，小香水梨需1 635小时，砂梨最短，有的品种甚至无明显的休眠期。温度过高，亦不适宜，高达35℃以上时，生理即受障碍，因此白梨、西洋梨在年均温大于15℃地区不宜栽培，秋子梨大于13℃地区不宜栽培。砂梨和西洋梨中的客发、铁头，新疆梨中的斯尔克甫梨等能耐高温。

梨树开花要求10℃以上的气温，14℃以上时，开花较快。梨花粉发芽要求10℃以上气温，24℃左右时，花粉管伸长最快，4～5℃时，花粉管即受冻。前人研究结果认为，花蕾期冻害临界温度为−2.2℃，开花期−1.7℃。有人认为−3～1℃时花器就要遭受不同程度的伤害。但若春季气温上升后突然回寒，往往气温并未降至如上低温时，亦会发生伤害。梨的花芽分化，以20℃左右气温为最好。

二、光照

梨树为喜光树种，要求全年光照时数在1 600小时以上，6～9月的日照时数应不少于800小时。我国北方梨树主产区日照充足，一般年日照时数在2 340～3 000小时，可满足梨对光照的需求。个别年份生长季日照不足的地区，只要注意选择向阳、开阔地段建园，确定适宜的栽植密度、行向和整形方式，就可以解决树冠内膛光照不足的问题，满足梨树对光照的需求。

三、水分

梨树的正常生长和结果，与水分供应有密切的联系。砂梨需水量最多，在年降水量 1 000～1 800 毫米的地区，仍生长良好；白梨、西洋梨主要产在 500～900 毫米雨量地区；秋子梨最耐旱，对水分不敏感。根据前人的研究，每生产 2 000 千克梨果，需水 400～500 米³，这个数量相当于我国东北、华北梨产区的年降水量（400～600 毫米）。再除去地面蒸发和地表径流，天然降水对梨树生长发育的需要来说是不足的，应该用灌水的方法解决供需矛盾。

在干旱状况下，白天梨果收缩发生皱皮，如夜间能吸水补足，则可恢复或增长，否则果小或始终皱皮。如久旱忽雨，可恢复膨大直至发生角质，出现明显龟裂。

梨比较耐涝，但在高温死水中浸渍 1～2 天即会死树，在低氧水涝中，9 天发生凋萎；在较高氧的水中 11 天凋萎，在浅流水中 20 天亦不致凋萎。

第三章

梨主要种类和品种

第一节　梨的主要种类

在植物分类学上，梨属于蔷薇科（Rosaceae）梨属（*Pyrus.* L）植物。世界上梨属植物有 30 多种，其中原产于我国的有 13 个种。梨属植物从栽培上可划分为两大栽培种类群，即东方梨和西方梨。东方梨也称亚洲梨（Asian pear），起源于中国，包括砂梨、白梨、秋子梨、新疆梨、川梨及野生的褐梨、杜梨、豆梨等原始种，主要栽培于中国、日本、韩国等亚洲国家。西方梨或称欧洲梨（European pear），也称西洋梨，起源于地中海和高加索地区，除主栽于欧洲和北美洲外，也是南美洲、非洲和大洋洲生产栽培的主要种类。现将我国生产上与栽培有关的主要种介绍如下。

1. 秋子梨　主要分布在我国东北和华北燕山山脉地区，西北各省也有少量分布。其主要特征是：乔木，高 10～15 米。生长旺盛，发枝力强，老枝灰黄或黄褐色。叶多大型，广卵圆或卵圆形，基部圆或心脏形，叶缘锯齿芒状直出。花轴短。果多近球形，暗绿色，果柄较短，萼片宿存且多外卷，多数品种需经后熟方可食用，抗寒力强，可耐 −45℃ 的低温，且耐旱，耐瘠薄。

2. 白梨　主要分布在华北各省，西北地区，辽宁和淮河流域也有少量栽培，是我国栽培梨中分布最广、数量最多、品质最好的种类。其主要特征是：乔木，高 8～13 米。一年生枝较粗，有白色密生茸毛。嫩叶紫红色或淡红绿色，密生白色茸毛，叶大，卵圆形，基部广圆或广楔或截形，叶缘锯齿尖锐有芒，向内合，叶柄长。果倒卵形至长圆形，果皮黄色，果柄长，萼片脱落或残存。子房4～5室，果肉多数细脆汁多、味甜，不需后熟即可食用。白梨适宜干燥冷凉气候，抗寒性强于砂梨和西洋梨，弱于秋子梨和新疆梨。

3. 砂梨　主要分布于淮河以南、长江流域的南方各省。近年来，河北、山东、北京等传统白梨产区也引种部分砂梨品种。其主要特征是：乔木，高7～12米。发枝少，枝多直立，嫩枝、幼叶有灰白色茸毛，二年生枝紫褐色或暗褐色。叶片大，长卵圆形，叶缘锯齿尖锐有芒，略向内合，叶基圆或近心脏形。花型一般较大。果多圆形，果皮褐色，杂交种砂梨有绿皮的，萼片脱落或残存，子房五室，肉脆、味甜、石细胞略多，品质较好。砂梨适宜温暖湿润气候，抗寒性不如其他栽培种类。

4. 西洋梨　在世界范围内分布较广，但在我国栽培面积较小，主要分布在山东胶东半岛、辽南、燕山等地。其主要特征是：乔木，高6～8米。枝多直立，小枝无毛有光泽。叶小，卵圆或椭圆形，革质平展，全缘或钝锯齿，柄细长略短。栽培品种果多葫芦形、坛形。萼宿存，多数要后熟可食，肉软腻易溶，味美香甜，可加工，不耐贮藏。适宜温润稳定的气候，对干寒气候适应性较差。抗寒性弱于秋子梨和白梨。此类型易感腐烂病，且已成为制约其在我国发展的瓶颈。

5. 新疆梨　主要分布在新疆、甘肃、青海等地区。其主要特征是：乔木，为西洋梨与白梨的自然杂交种，高6～9米。小枝紫褐色，无毛。叶卵圆或椭圆形。果卵圆至倒卵圆形，果柄先端肥大，较长，萼片宿存且直立，石细胞多，果心大。此种类适宜干热气候，耐寒耐旱。

6. 杜梨　乔木，高约10米。枝常有刺，嫩枝密生短白茸毛，叶面光滑，背面多短毛，叶片菱形或卵圆形，叶缘有粗锯齿。花小，花期晚。果球形，直径0.5～1.0厘米，褐色，萼脱落，子房 2～3 室。抗旱、寒、涝、碱、盐力均较强，分布广，类型多，为我国普遍应用的砧木。

7. 麻梨　乔木，高 8～10 米。嫩枝有褐色茸毛，二年生枝紫褐色。叶卵圆至长卵圆形，具细锯齿，向内合。果小，直径 1.5～2.2 厘米，球形或倒卵形，色深褐，多宿萼，子房 3～4 室。产华中、西北各省，为西北常用砧木。

8. 木梨　乔木，高 8～10 米。嫩枝无毛或有稀茸毛。叶卵圆或长卵圆形，叶基圆，实生树叶缘多钝锯齿，叶无毛。果直径 1～1.5 厘米，小球形或椭圆形，褐色。抗赤星病。为西北常用砧木。

9. 豆梨　乔木，高 5～8 米。新梢褐色无毛。叶阔卵圆或卵圆形，叶缘细钝锯齿，叶展后即无毛。果球形，直径 1 厘米左右，深褐色，萼脱落，子房 2～3 室。为我国中南部通用砧木，适应温暖、湿润、多雨、酸性土壤地区。

10. 褐梨　乔木，高 5～8 米。嫩枝有白色茸毛，二年生枝褐色。果椭圆形或球形，褐色，子房 3～4 室，萼脱落，果实汁多、肉绵，北京、河北东北部山区有用做砧木。在西北、河北尚有部分栽培品种，果小、丰产、抗风。需后熟方可食，如吊蛋梨、糖梨、麦梨等品种。

第二节　梨主要栽培品种

梨品种资源十分丰富，据不完全统计全世界有 2 000 多个，我国有 1 200 余个。现就传统的优良品种、优良新品种和新引进品种简介如下。

一、传统优良品种

（一）秋子梨系统

1. 南果梨　自然实生。发现于辽宁省鞍山大孤山对庄石村。

主要分布在辽宁的鞍山、海城和辽阳地区。吉林、内蒙古及西北的部分地区也有栽培。

果实较小，平均果重 58 克。近圆形或扁圆形。黄绿色，阳面有红晕。采收即可食用，脆甜多汁。萼片脱落或宿存。贮藏 15～20 天后，果肉变软，易溶于口，汁液多，甜酸可口，香气浓，石细胞少，品质极上。鞍山 9 月上中旬成熟，一般可贮存 1～3 月。

栽后 4～5 年结果，丰产，20 年生树株产果 300～350 千克。成年树以 3～5 年生枝上的短果枝结果为主，结果当年果台抽生极短副梢，形成短果枝群。腋花芽也能大量结果。

抗寒力强，高接树在 −37℃ 时无冻害，适于冷凉及较寒冷地区栽培。对土壤及栽培条件要求不严，抗风力、抗黑星病能力强。该品种是秋子梨系统中最优良的地方特色品种，适宜地区可适当发展。

2. 京白梨　又名北京白梨。原产北京附近，主要分布在北京、河北昌黎一带，辽宁、吉林、内蒙古也有分布。

果实中小，单果重 110 克。扁圆形，果梗基部的果肉常微有突起。黄绿色，成熟后黄色。果皮薄而光滑，有蜡质光泽，果点小，褐色，较稀。果梗细长，多弯向一方。果肉黄白色，采时嫩脆，后熟后变软，汁多，味甜，微具香气，果心中大，石细胞少，品质上。北京 8 月中下旬采收，后熟 7～10 天，能贮存 20 天左右。

栽后 6 年结果。主要在 3～4 年生枝上的中短果枝结果，少数果台副梢当年能形成花芽，腋花芽也能结果，有隔年结果现象。

适于辽宁西部及北京一带的冷凉地区栽培，抗寒力强，新疆伊犁 −36℃ 低温下表现良好，抗旱、抗风力均较强。

3. 鸭广梨　河北省廊坊市的名特果品，栽培历史悠久。树势强健，树姿开张。萌芽力和成枝力均较强，枝条密生。以短果枝结果为主。适应性广，抗逆性强。抗旱、抗涝、耐瘠薄、耐盐碱。抗梨黑星病、轮纹病和干腐病等能力均强。

果实倒卵形或圆形，外观美丽。平均单果重 200 克，最大果重 400 克。果皮黄绿色，采收时果肉较硬，石细胞多，果汁中多，存放一段时间后，果肉变软，果汁增多，果面转为鲜黄色。果味甜酸爽口，石细胞少，梨香味浓。可溶性固形物含量14%～16%。在河北省廊坊果实 9 月中下旬成熟。

4. 安梨　又称酸梨。产于河北省燕山和东北中南部地区。辽宁绥中、北镇和河北兴隆、青龙、迁安等地区栽培较多。适应性广，抗寒、抗涝、抗旱力均强。对梨黑星病具有极强的抵抗力，寿命长，易丰产，但生理落果较多。

果实扁圆形。平均单果重 127 克。果实黄绿色，贮后变黄色。果面较粗糙，皮厚，果点中大而密。果肉黄白色，采收时肉质粗脆、致密，石细胞多，汁液中多，味酸。10 月中旬果实成熟。果实极耐贮藏和运输，可贮至翌年 5～6 月，经长时间（4～5 个月）贮藏，果肉变软，汁液增多，甜味增加，味酸甜，品质中上等。适合冻藏，可作为冻梨食用。果实酸度较高，适合制汁。

（二）白梨系统

1. 鸭梨　为我国古老的优良品种之一，原产河北省，主要分布在河北、辽宁、山东、河南、江苏、陕西、安徽和四川等省。本品种有几个大果型和自花结实芽变品种（如大鸭梨、金坠梨等）。鸭梨是目前我国梨生产上的第二大品种（约占总产量的 12%）。

果实中大，重 150～200 克。倒卵形，果梗基部肉质，果肉呈鸭头状突起。绿黄色，贮藏后呈黄色。皮薄，近梗部有锈斑，微有蜡质，果梗先端常弯向一方。脱萼，萼洼深广。果肉白色，肉质细面脆，汁液极多，味甜微香，石细胞少，品质上。9 月中旬至下旬成熟，可贮存至翌年 2～3 月。

栽植后 2～4 年结果，10 年生可大量结果，盛果期间以 3～5 年生枝上的短果枝结果为主。产量高而稳定。

适应性广，宜在干燥冷凉地区栽培。较抗旱，对肥水要求较高，否则味淡而易早衰。喜沙壤土。抗寒力中等，抗病虫力较差。

2. 砀山酥梨 又名酥梨、砀山梨。原产安徽砀山，分布华北、西北、黄河故道地区。砀山酥梨是目前我国梨生产上的第一大品种（约占总产量的 24％）。该品种有多个品系，如白皮酥、青皮酥、金盖酥和伏酥等，其中以白皮酥品质最好。

果实大，平均重 270 克。近圆柱形。黄绿色，贮存后黄色。果皮光滑，果点小而密。果肉白色，肉稍粗，但酥脆爽口，汁多味甜，有香气。果心小，品质上。9 月上旬成熟，稍耐贮藏。

栽后 3～4 年结果，较丰产、稳产，株产可达 500 千克。以短果枝结果为主，中长果枝及腋花芽结果少。果台可抽生 1～2 个副梢，很少形成短果群，连续结果能力弱，结果部位易外移。

较抗寒，适于较冷凉地区栽培，抗旱、耐涝性也较强，抗腐烂病、黑星病较强，受食心虫和黄粉虫为害较重。

3. 雪花梨 原产河北中南部，以河北赵县栽培最多。

果实大，平均重 300 克。长卵圆或长椭圆形。绿黄色，皮细而光滑，有蜡质，贮后变鲜黄色。果点褐色，较小而密，分布均匀，脱萼。果肉白色，脆而多汁，有微香，味甜，品质上。9 月上中旬成熟，耐贮运，可贮存至翌年 2～3 月。

栽植后 2～4 年结果，较丰产。以短果枝结果为主，中长果枝及腋花芽果能力较强。短果枝寿命较短，连续结果能力差，结果部位易外移。

要求肥水充足，喜肥沃深厚沙壤土。抗病虫力较强，抗寒、抗旱力也较强。抗风力较差，抗药力也较差。

4. 库尔勒香梨 产于新疆维吾尔自治区南疆各地，以库尔勒地区较为著名。是新疆地区最优良的品种，也已成为目前我国梨生产上的主要品种（约占总产量的 5%）。该品种为我国脆肉梨品种中香味浓郁的名优特品种，值得在原产地大量发展。

果实小，平均重 80～100 克，最大可达 174 克。倒卵圆形或纺锤形。黄绿色，阳面有暗红色晕。果面光滑，果点小而不明显。脱萼或宿存。皮薄，果肉白色，质脆，汁多，味浓甜，香气浓郁，品质极上。9 月下旬成熟，可贮存至翌年 4 月。

栽植 3 年结果，7 年丰产，以短果枝结果为主，腋花芽、长果枝结实力也很强。适应性广，沙壤土、黏重土均能适应。抗寒力较强，最低温度不低于－20℃地区可获丰产，－22℃时部分花芽受冻，－30℃受冻严重。耐旱，抗病虫力强。抗风力较差。

5. 茌梨　原产山东茌平，以山东莱阳、栖霞栽培最多。

果实大，重 220～280 克。果形不整齐，梗洼处常具突起。绿色，贮存后变黄，微带绿色。果点较大，深褐色，粗糙。果肉细脆，汁多味浓甜，有微香，品质极上。9 月中下旬成热。可贮存至翌年 1～2 月。

栽植后 4～6 年结果，以短果枝结果为主，腋花芽及中长果枝结果能力很强，采前落果较重，寿命长，200 年以上大树仍能良好结果。

适于较冷凉地区栽培，喜沙壤土。抗寒力较弱，－22℃时枝条有冻害，－27℃时树冠冻死。不耐旱、涝，抗药力差。抗风力较弱，对栽培条件要求较高。

6. 秋白梨　又名白梨（辽宁绥中、北镇）。原产河北北部，主要分布在辽宁绥中、义县、北镇，河北的昌黎、抚宁等地。

果实中大，平均重 150 克。长圆或椭圆形。果皮黄色，有蜡质光泽，皮较厚。果点小而密，脱萼。果肉白色，质细而脆，汁多，浓甜，无香味，果心小。9 月末成熟，极耐贮藏，可贮存至翌年 5～6 月。

栽植后 6～7 年结果，15 年生时进入盛果期。结果部位主要在 2～9 年生枝上的各类结果枝上，以短果枝结果为主，大树腋花芽也能结果，果台枝连续结果能力较差，结果部位易外移。

适应性较广，耐旱，抗寒力强，适于山地栽培，抗风力、抗病虫力较差。

7. 苹果梨 分布于辽宁、甘肃、宁夏、山西、内蒙古、新疆等地。朝鲜也有引种。尤以吉林省延边地区栽培比较集中。

果实大，平均重 250 克，最大可达 600 克。不规则扁圆形。黄绿色，阳面有红晕，外形似苹果。果肉白色，果心小，肉质细脆，汁多，甜酸适度，微带香气，品质中上。9 月下旬至 10 月上旬成熟，耐贮藏，可贮存至翌年 5～6 月。

栽植后 3 年结果，早期丰产，大树能连年丰产。

抗寒力强，能耐－36℃低温，适于冷凉地区栽培。喜深厚沙质壤土。抗旱，耐涝力强，抗风、抗病虫、抗药力较差。

8. 冬果梨 主产甘肃兰州，西北、华北各省有栽培。

果实中大，平均重 157 克。倒卵形。果皮黄色，薄而光滑，果点小而密。脱萼或部分宿存。果肉白色，肉质细脆，汁多，味酸甜，品质中上。10 月上旬成熟，可贮存至翌年 5～6 月，贮后可提高风味。

栽后 3～4 年结果，20 年达盛果期，丰产。

适应性较强，抗旱、抗盐力也较强。抗寒、抗虫、抗风力较差。

(三)砂梨系统

1. 苍溪梨 又名苍溪雪梨或施家梨，原产四川苍溪。四川栽培较多，陕西、湖北有少量栽培。

果实大，重 300～500 克。长卵圆形或葫芦形。黄褐色，有灰褐色斑点，果点大，较稀。梗细长，脱萼。果肉白色，质脆，汁多味甜，果心小，品质中上。8 月下旬至 9 月上旬成熟，可贮存至翌年 1～2 月。

栽植后 3～4 年结果，较丰产，以短果枝结果为主，长果枝、腋花芽结果能力弱。

适于温热湿润地区栽培，宜密植。抗风、抗病虫力较弱。

2. 宝珠梨　产于云南呈贡、晋宁一带。

果实较大，平均单果重 198 克，近圆形或扁圆形，果皮黄绿色，果面粗糙，果点明显，果梗长，梗洼浅而广，萼片宿存，萼洼稍广而浅，果心中大，果肉白色，肉质中粗，松脆，汁液多，味甜微酸，品质上等。

树势强，树冠高大。萌芽率高，成枝力强。苗木定植的 5～7 年开始结果，植株寿命长。以短果枝结果为主，丰产，抗逆性较强。具有自花结实能力。

（四）西洋梨系统

1. 巴梨（Bartlett Williams）　又名香蕉梨（河南）、秋洋梨（大连）。原产英国，系自然实生种。分布于我国南北各省，主要分布山东胶东半岛，辽宁旅顺、大连地区。

果实较大，平均重 250 克，粗颈葫芦形，果面凹凸不平。黄色，阳面有红晕。果肉乳黄白色，经 7～10 天后熟，肉质柔软，易溶，汁多，味浓甜，有芳香，品质极上。8 月末至 9 月上旬成熟。不耐贮藏，一般仅能存放 20 天左右，冷库贮放可达 4 个月。

栽植后 2～5 年结果，丰产稳产。以短果枝和短果枝群结果，中长果枝结果较少，腋花芽也能结果。一般果枝可连续结果 5～6 年。

适应性较广，喜暖湿气候及沙壤土，在冲积土上生育良好，也能适应山地及黏重黄土。抗寒力弱，仅耐－20℃低温，－25℃时冻害严重。抗病力弱。

2. 伏茄梨（Seurre Giffard）　又名白来发（石家庄）、伏洋梨（烟台、牟平）。原产法国，系自然实生苗。我国各地均有栽培，以山东烟台、牟平、威海，河南郑州较多。

果实较小，重 60～80 克。细葫芦形。黄绿色，阳面有红晕。果肉乳白色，成熟时脆甜，经 3～5 天后熟后，肉质柔软，易溶，汁多味甜，品质上。6 月下旬至 7 月上旬成熟。

结果较早，产量稳定，以短果枝结果为主。

适应性广，沙壤土、黏黄土均能良好生长。对栽培条件要求不严。抗寒力、抗病虫力较强。

二、优良新品种

(一)早熟品种

1. 七月酥（幸水×早酥） 中国农业科学院郑州果树研究所育成。果实大，平均重 220 克，卵圆形，黄绿色，肉质细嫩酥脆，多汁而甜，品质上等。郑州 7 月上旬成熟，不耐贮，常温下可放 2 周。

生长势较强，定植后 3 年结果，较丰产。较抗旱，较抗寒，耐涝，耐盐碱，抗病性较差。

2. 中梨 1 号（新世纪×早酥） 中国农业科学院郑州果树研究所育成。果实大，平均重 220 克，近球形，绿色，肉白色，质细脆，味甜多汁，品质上等。山东淄博 7 月下旬采收，常温下可存放 1 个月。

树势中庸，栽后 2~3 年结果，丰产。抗病虫能力较强。

3. 初夏绿（西子绿×翠冠） 浙江省农业科学院园艺研究所杂交育成。果实长圆形或圆形。平均单果重 350 克，最大果重 500 克以上。果面光洁翠绿，果皮光滑，果锈少，果点中大。果肉白色，肉质细嫩，汁液多，果心小，无石细胞，可溶性固形物含量 11% 左右，品质优良。在浙江省杭州果实 7 月中旬成熟，果实发育期 105 天。果实较耐贮运。

树势健壮，树姿较直立。结果早，花芽极易形成。长果枝结果性能良好。坐果率高。果实成熟期早。抗逆性较强。

4. 翠冠［幸水×（杭青×新世纪）］ 浙江省农业科学院园艺研究所培育的品种。果实大。平均单果重 230 克，最大果重 500 克。果实长圆形。果皮黄绿色，平滑，有少量锈斑。果肉白色，石细胞少，肉质细嫩疏脆，汁多，味甜。含可溶性形物

11.5%～13.5%。果心较小，品质上等。7月底8月初成熟。

树势强健，生长势特强。树姿较直立，花芽较易形成，丰产性好。叶片浓绿，长椭圆形，大而厚。定植第三年结果。抗性强，山地、平原、海涂都宜种植。抗病、抗高温能力明显优于日本梨。

5. 西子绿［新世纪×（八云×杭青）］ 原浙江农业大学园艺系选育的品种。果实中大。平均单果重190克，最大果重300克。果实扁圆形。果皮黄绿色，果点小而少，果面平滑，有光泽，有蜡质，外观极美。果肉白色，肉质细嫩，疏脆，石细胞少，汁多，味甜，品质上。含可溶性固形物12%。较耐贮运。7月中旬成熟。

该品种树势开张。生长势中庸。萌芽率和成枝力中等。以中短果枝结果为主。定植第三年结果。本品种花期迟，花不易受早春霜冻。花期长，有利于配置授粉品种。

6. 早酥梨（苹果梨×身不知） 中国农业科学院兴城果树研究所杂交育成。树势强健，萌芽力强（84.8%），成枝力较弱（1～2个）。结果早，以短果枝结果为主，连续结果能力强，丰产、稳产。适应性强，抗寒、抗旱、抗梨黑星病。除极寒冷地区外，华东、西南、西北及华北大多数地区均适宜栽培。

果实多呈卵圆形或长卵形。平均单果重250克，最大果重700克。果皮黄绿或绿黄色，果面光滑，有光泽，并具棱状突起，果皮薄而脆。果点小，不明显，果心较小。果肉白色，肉质细，酥脆爽口。石细胞少，汁液特多，味淡甜或甜，可溶性固形物含量11%～14.6%，品质上等。果实于8月中旬成熟。常温下可存放1个月左右。

7. 金水2号（翠伏）（长十郎×江岛） 湖北省农业科学院果树茶叶研究所选育。果实中大。平均单果重183.05克，疏果后可达200克以上，最大果重近500克。果实纵径6.78厘米，横径7.06厘米。果实圆形或倒卵形。果皮黄绿色，果面平滑，有光泽，外观美。果心中大。果肉乳白色，肉质细嫩，酥脆，石细胞少，汁液极多。含可溶性固形物 11.20%，可滴定酸0.24%，每 100 克果肉含维生素 C 3.98 毫克。味酸甜适度，微香，贮藏后香气更浓。品质上等。耐贮性较差，7 月下旬成熟。

树势健壮，萌芽率高，成枝力弱。抗逆性和抗病虫性较强。因果实成熟后有香气，延迟采收易受吸果夜蛾为害。

8. 爱甘水（长寿×多摩） 日本品种。果实圆形或扁圆形，褐色。果实大，平均单果重 300 克，最大可达 500 克，果皮薄、有光泽。肉质细腻，汁多，品质上等，可溶性固形物 13% 左右。河北深州地区 7 月 25 日成熟，是一个容易管理的早熟褐皮梨优良品种。

9. 若光（新水×丰水） 日本千叶县农业试验场培育。果实近圆形，单果重 300 克左右。果皮黄褐色，套袋果实浅黄褐色，果面光洁，果点小而稀。果形端正，没有棱沟，果梗较长，萼片脱落，萼洼广、浅。果肉乳白色，石细胞较少，肉质酥脆，甘甜，微香。果心小，可溶性固形物含量 11.5%～13.5%。郑州地区 7 月中下旬成熟。货架期 15 天左右。

幼树生长势较强，萌芽率高于幸水但低于丰水，成枝力弱，成花容易。抗病性及耐瘠薄能力较强。

10. 早红考密斯 西洋梨品种。果实细颈葫芦形。平均单果重 185 克，最大果重 350 克。果实全面紫红色。果面光滑，蜡质较多，有光泽。果点中大，明显。萼片宿存或残存。果皮较厚，果心中大。果肉乳白色，肉质细腻。经后熟果肉柔软多汁，石细胞少，风味酸甜，芳香浓郁。可溶性固形物含量 13%，品质上等。果实 8 月上旬成熟，果实发育期为 130 天左右，经 10～15 天完成后熟。常温条件下果实可贮藏 15 天，冷藏条件下可贮藏3～4 个月。

树势中庸偏强。萌芽率高，成枝力强，树冠内枝条较密。成花容易，结果较早。多以短果枝结果为主，坐果率高，丰产、稳产。适应能力较强，抗寒，抗旱，耐盐碱。抗黑星病，较抗干腐病、轮纹病。

11. 红茄梨（Starkrimson）　西洋梨品种。美国从茄梨中发现的红色芽变品种，又称红星梨。

果实中大，细颈葫芦形。平均单果重 132 克。果实为全面紫红色。果皮平滑有光泽，有的稍有棱起。果点中多，褐紫色。萼片宿存。果肉乳白色，肉质细脆，后熟变软，可溶性固形物含量 12.3%，品质上等。在河南省郑州果实 8 月上旬成熟，果实发育期 97 天。

树势较强，萌芽率 63.9%，成枝力中等，一般剪口下抽生长枝 2～3 个。以短果枝结果为主。对土壤条件要求不严格，适应性强，抗寒性较强，不抗腐烂病。

12. 拉达娜　西洋梨品种。北京市果树研究所 2001 年从捷克引进的早熟红色西洋梨品种。

果实倒卵形，单果均重 233.9 克，最大 270.2 克。果皮紫红色，熟后橘红色，果面较光滑。果肉黄色，肉质细软，汁多，味甜，含可溶性固形物 11.0%，品质上等。采后在室温下后熟 3～5 天，表现最佳食用品质。在北京地区，果实 7 月下旬至 8 月上旬成熟。

树势强健，树姿直立，枝条粗壮。萌芽率高，成枝力低。以短果枝结果，不易形成腋花芽，花量大，花粉多。坐果率高。抗性较强，适应性广，抗寒性中等。

（二）中熟品种

1. 黄冠（雪花梨×新世纪）　河北省农林科学院石家庄果树研究所育成。果实椭圆形，个大，平均单果重 235 克。果皮绿黄色，贮后变为黄色，果面光洁无锈，果点小而密，美观。萼片脱落，果心小，果皮薄，果肉白色，肉质细而松脆，汁液多，酸甜适口，有蜜香，石细胞少。可溶性固形物含量 11.4%，品质上等。在河北石家庄地区果实 8 月中旬成熟。果实不耐贮藏，室温下可贮放 30 天, 冷藏条件下可延长贮期。

植株生长健壮, 幼树生长旺盛且直立, 萌芽力强, 成枝力中等。2～3 年即可结果, 以短果枝结果为主, 果台副梢连续结果能力强, 幼树腋花芽较多, 丰产稳产。适应性强, 抗黑星病能力很强。适宜在华北、西北、淮河及长江流域的大部分地区栽培。

2. 雪青 (雪花×新世纪) 原浙江农业大学园艺系育成。果实大, 平均单果重 230 克, 大的 400 克。果实圆形。果皮黄绿色, 光滑, 外观美。果肉白色, 果心小。肉质细脆, 多汁, 味甜。可溶性固形物 12.5%。品质上。果实 8 月中旬成熟, 可延迟采收。果实耐贮运。

树形开张, 生长势较强。萌芽率和成枝力高。腋花芽多, 以短果枝结果为主。丰产、稳产, 抗性强。授粉品种为黄花、新世纪、新雅。

3. 丰水 〔(菊水×八云) ×八云〕 日本农林省园艺试验场 1954 年育成。果实中大, 平均单果重 163 克, 最大 230 克; 圆形或不正圆形; 果皮锈褐色, 阳面微有红褐色, 果面粗糙, 有棱沟, 果点大、多; 果肉黄白色, 果心中大, 肉质细嫩, 柔软多汁, 味甜, 石细胞少, 含可溶性固形物 3.3%～9.6%, 可溶性糖 9.0%, 可滴定酸 0.16%, 品质上等。比长十郎耐贮。

幼树生长势旺, 树姿半开张, 萌芽力强, 发枝力弱。3～4 年开始结果, 以短果枝结果为主, 中长果枝及腋花芽较多, 花芽容易形成, 果台副梢抽生能力强, 有的能抽 2～3 根副梢, 连续结果能力比幸水强。8 月中下旬果实成熟。

4. 金二十世纪 日本品种, 是二十世纪通过辐射诱变培育而成的抗黑斑病的品种。果实圆形, 单果重 300～500 克; 果皮黄绿色, 果点大, 分布密, 果面有果锈; 果梗粗长, 果心短小, 纺锤形; 果肉黄白色, 肉质细软, 含糖 10%。有酸味、香味, 果汁多。

树势强, 枝条粗, 节间短, 皮孔大, 数量多。短果枝坐果多，腋花芽着生数量少。叶片卵圆形。开花期稍晚，比二十世纪稍晚成熟。不易患心腐病、蜜病、裂果等。果实贮藏期长，对黑斑病抗性极强。

5. 圆黄（早生赤×晚三吉） 韩国品种。果实大，平均单果重 400 克。果实圆或扁圆形，外形美观。果皮淡黄色。果肉为透明的纯白色，肉质细腻，多汁，石细胞少，酥甜可口，并有奇特的香味，可溶性固形物含量为 15%～16%，品质极佳。果实 9 月上中旬成熟，常温下可贮藏 30 天左右。该品种树势强，树姿半开张，易成花，好管理，丰产，抗黑斑病。花粉多，与多数品种授粉亲和力强，也是良好的授粉树。

6. 玉露香（库尔勒香梨×雪花梨） 山西省农业科学院果树研究所杂交育成。幼树生长势强，结果后树势中庸。萌芽率较高（65.4%），成枝力中等。定植后 3～4 年结果，易成花，坐果率高，丰产、稳产。但花粉量少，不宜作授粉树。适应性广，对土壤要求不严，抗腐烂病能力强，抗梨黑心病能力中等。

果实近球形，果形指数 0.95。平均单果重 237 克，最大果重 450 克；果面光洁，细腻具蜡质。阳面着红晕或暗红色纵向条纹，果皮采收时黄绿色，贮后黄色，色泽更鲜艳。果皮薄，果心小，可食率高（90%）。果肉白色，酥脆，无渣，石细胞极少。汁液特多，味甜，清香，口感极佳。可溶性固形物含量12.5%～16.1%，品质极上。在山西省太谷果实成熟期 8 月底至 9 月初，但 8 月上中旬即可食用，果实发育期 130 天。果实耐贮藏，在自然土窑洞内可贮 4～6 个月，恒温冷库可贮藏 6～8 个月。

7. 新梨 7 号（库尔勒香梨×早酥） 新疆维吾尔自治区塔里木农垦大学植物科技学院杂交育成。果实卵圆形。平均单果重 220 克，最大果重 360 克。果实绿色，表面 1/3 有红晕，果面光滑，果点中大而密，套袋果几乎不显果点，外观十分美丽。果皮极薄，萼片残存。果肉白色，酥脆多汁，石细胞极少，口感好，果心极小，可溶性固形物含量 11.6%～13.5%，品质极优。在山东阳信果实 8 月上旬成熟。果实极耐贮藏，室温下一般可贮放 30～40 天，在 3℃冷藏条件下可贮至翌年 5 月。贮藏后果皮变为黄色并带有红晕，外观极佳。

8. 粉酪 原名 Butirra Rosata Morettini。西洋梨品种，1960 年意大利以 Coscia×Beurre Clairgeau 杂交育成，品种原名意为"粉色奶油"，故中译名粉酪。1994 年从美国国家种质资源圃引入昌黎果树研究所，为无病毒材料。

果实葫芦形，平均单果重 325 克，底色黄绿，60％着鲜红晕，果面光洁，果点小而密，萼片宿存；果肉白色，石细胞少。经后熟后果实底色变黄，果肉细嫩多汁，风味甜，香气浓郁，品质极上。果实 8 月上旬成熟，常温可贮存 15～20 天。

幼树生长较强，进入结果期早，成龄树中庸，定植后 2 年结果，4 年丰产，以短果枝结果为主。抗病力较强，对火疫病敏感。

9. 阿巴特（Abate Fetel） 西洋梨品种。原产法国。

果实外形独特，呈长颈葫芦形，果形指数 1.78，平均单果重 257 克。果皮绿色，经后熟转为黄色，果面平滑，光洁度优于巴梨。果肉乳白色，质细，石细胞少，采后即可食用，经 10～12 天后熟，芳香味更浓；可溶性固形物含量 12.9％～14.1％，采收期果肉硬度 13.2 千克/厘米^2。果心小，可食率 97％以上。在山东省烟台 9 月上旬成熟，比巴梨晚 15 天左右。

树势强，树姿半开张，丰产稳产，以短果枝结果为主。适应能力强，抗铁头病，较抗腐烂病和干腐病。

10. 康佛伦斯（Conference） 西洋梨品种，原产英国。

平均单果重 163 克，细颈葫芦形，肩部常向一方歪斜。果皮黄绿色，部分果向阳面有淡红晕，果点小而中多，外形美观。果肉白色，汁液多，甜，具香气，品质上等。果心较小。可溶性固形物 14.4％。果实在兴城 9 月上中旬成熟，室温下可贮存 7～15 天，0～5℃下可贮存 60 天。

一般定植后5～6年开始结果，以短果枝结果为主。自交结实率高。采前落果轻，较丰产稳产。适应性强，对土壤要求不严，但在肥沃的沙壤土上生长更好。抗寒力中等。抗病性较强，唯抗腐烂病能力弱，但强于巴梨，虫害也较少。

（三）晚熟品种

1. 黄金梨（新高×二十世纪） 韩国品种。果实近圆形，果形端正，果个整齐。平均单果重430克左右，最大可达500克以上。果皮乳黄色，细薄而光洁，具半透明感。果肉白色，肉质细嫩，石细胞极少，甜而清爽，果汁多，果心小，可溶性固形物含量13.5％～15.0％。果实9月中旬成熟，常温下贮藏期为30～40天，在气调库内贮藏期可达6个月以上。

该品种生长势强，树姿较开张，树体小而紧凑，适应性强，抗黑斑病和黑星病，结果早，丰产性好。因雄蕊退化，花粉量极少，所以需配置两种授粉树。

2. 红香酥（库尔勒香梨×郑州鹅梨） 中国农业科学院郑州果树研究所育成。果实大，平均重220克，纺锤形，底色绿黄，果面2/3覆以红色，肉白酥脆，汁多味甜，品质上等。河南郑州9月中旬成熟，耐贮藏，常温下可贮2个月。

生长势较强，3～4年结果，丰产。耐寒、抗旱、耐涝、耐盐碱，抗病力强。

3. 晋酥梨（鸭梨×金梨） 山西省果树研究所育成。果大，重200～250克。不整齐椭圆形。黄绿色，皮薄，洁净，蜡质明显。果肉白色，质脆，汁多，有香气。果心小，甜酸适度，品质中上。9月中下旬成熟，可贮存至翌年3～4月。

栽植后3～4年结果，较丰产。以短果枝结果为主，腋花芽也能正常结果。

适应性较强，较抗寒，抗寒力强于酥梨、茌梨和雪花梨。较抗旱、抗黑星病。食心虫为害较重。

4. 红南果梨 抚顺市特产研究所1989年发现于辽宁清原县

构乃甸乡南果梨园，是南果梨的红色芽变。树势中庸健壮，树姿较开张。萌芽力中等，成枝力强。幼树结果以长果枝为主，成龄树以短果枝和短果枝群为主，腋花芽率可达 35％左右，短果枝寿命长。果台枝连续结果能力弱。坐果能力较强，花序坐果率89.2％。采前落果轻。容易形成花芽，结果早，丰产。抗寒、抗旱、抗涝、适应性强，可耐−37℃低温。抗梨黑星病、轮纹病和腐烂病能力较强。抗风力稍差，不耐盐碱。

果实扁圆形，平均单果重 125.5 克，最大果重 346 克。采收时，果皮黄绿色，果实阳面鲜红色，覆盖面积 65％～70％，色泽鲜艳亮丽。果面平滑光洁，富有光泽，无果锈。果点较大而密，近圆形。萼片脱落或残存。果心较小，果肉乳白色，肉质细，柔软多汁，石细胞少。有特殊香味，可溶性固形物含量17％，品质极上。在辽宁省熊岳果实 9 月上中旬成熟。常温下可贮藏 15 天左右，在 1～4℃条件下可贮藏至翌年 4 月。后熟后最佳食用期为 5 天左右。

5. 锦丰（苹果梨×茌梨） 中国农业科学院果树研究所育成。果大，平均重 230 克。不整齐扁圆形或圆球形。黄绿色。果点大而显。果肉细，稍脆，汁多，味酸甜，微香，品质上。9 月下旬成熟，耐贮藏，可贮存至翌年 5 月。贮后果皮转黄色，有蜡质光泽，风味更佳。

栽植后 4～5 年结果，丰产。以短果枝结果为主，中长果枝、腋花芽均有结果能力。

抗寒力强，但不及苹果梨，适于冷凉地区栽培。喜深厚沙壤土。抗黑星病能力较强，但梨小食心虫和黄粉虫为害较重。

6. 新高（天之川×今村秋） 日本神奈川农业试验场杂交育成。果实圆形或圆锥形。果形端正，单果重 410～450 克，果皮黄褐色，果点较大，中密，果面粗糙。套袋后果皮淡黄绿色，较光滑，果点不明显。果肉白色，致密多汁，石细胞极少，果心小，味甘甜，无酸味、涩味和香气。品质中上，果实 10 月中下

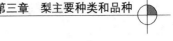

旬成熟。该品种果个大，耐贮性较强，可作为晚熟品种适量发展。

7. 南水（越后×新水） 日本长野县南信农业试验场选育。果个大，平均单果重 360 克，大果可超过 500 克，果形扁圆形。果皮黄赤褐色，果面光滑；果肉白色，肉质中细，可溶性固形物含量 14.6%，甜味多，酸少，果汁多，品质上等。室温下可贮藏半个月以上，冷藏条件下可贮存 2 个月。树势稍强，短果枝多，以短果枝结果为主。抗黑星病强，但有轻微黑斑病。9 月上中旬成熟。该品种是一个有希望的晚熟日本梨最新品种。

8. 晚秀（甜梨×晚三吉） 韩国品种。果实扁圆形，果皮黄褐色，外观极美。果个大，平均单果重 660 克。果肉白色，肉质细腻，石细胞少，无渣，汁多，味美可口，可溶性固形物含量为 14%～15%，品质极上，贮藏后风味更佳。果实 10 月 20 日前后成熟，极耐贮藏，低温条件下可贮藏 6 个月以上，属优良的大果型晚熟品种。该品种树势强，树冠似晚三吉直立状。抗黑星病和黑斑病，抗干旱，耐瘠薄。花粉多，但自花结实力低，宜选择圆黄作授粉树。

9. 美人酥（火把梨×幸水） 中国农业科学院郑州果树研究所培育。果实卵圆形，单果重 275 克，大果可达 500 克。果柄长 3.5 厘米，粗 3.0 毫米，部分果柄基部肉质化。果面光亮洁净，底色黄绿，几全面着鲜红色彩，外观像红色苹果，甚美丽。果肉乳白色细嫩，酥脆多汁，风味甜酸，微有涩味，可溶性固形物含量 15.5%，最高可达 21.5%，总糖含量 9.96%，总酸含量 0.51%，维生素 C 含量 0.072 2 毫克/克。品质上等，较耐贮运。

10. 红酥脆（火把梨×幸水） 中国农业科学院郑州果树研究所培育。果实卵圆形，阳面带有红晕，平均单果重 260 克，果实外观像母本，风味倾向父本。果肉乳白，肉质酥脆，汁液多，甘甜清香，口感好，果心小，石细胞少，可溶性固形物含量 13.5%～14.5%，总糖含量 8.48%，总酸含量 0.39%，维生素

C含量0.07毫克/克,较耐贮藏。在郑州地区3月22日初花,3月31日末花,9月中旬果实成熟,11月底落叶,全年生育期235天。以短果枝结果为主,对梨黑星病、干腐病、早期落叶病和梨木虱、蚜虫有较强抗性,抗晚霜,耐低温能力强。

11. 满天红(火把梨×幸水) 中国农业科学院郑州果树研究所培育。果实近圆形,阳面鲜红色,外观像母本,平均单果重280克,风味品质综合了父母本的优良性状,果肉淡黄白色,酥脆,汁多,酸甜并带有涩味,微香,果心小,石细胞少,可溶性固形物含量14.5%~15.5%,总糖含量9.45%,总酸含量0.40%,维生素C含量0.0327毫克/克,品质上等,较耐贮运。结果较早,以短果枝结果为主,丰产稳产,大小年结果和采前落果现象不明显。在郑州地区3月底开花,果实9月下旬成熟,11月底落叶。对梨黑星病、干腐病、早期落叶病和梨木虱、蚜虫有较强的抗性,抗晚霜。

12. 秋黄(今村秋×二十世纪) 韩国园艺研究所杂交育成。树势强健,萌芽力强,成枝力中等。结果较早,以短果枝结果为主,腋花芽易形成。花粉量多,多作为授粉树。较抗梨黑斑病和梨黑星病。

果实扁圆形,平均单果重365克,最大果重590克。果皮黄褐色,果面粗糙,果点中大,较多。萼片脱落。果心中等大。果肉白色,肉质细嫩。多汁,味浓甜,有香气,石细胞少,可溶性固形物含量13%~14.5%,品质极上。在河南省郑州果实于9月中下旬成熟,果实发育期约为175天。在常温下可贮藏2个月。低温下可贮150天以上。

13. 五九香(鸭梨×巴梨) 中国农业科学院果树研究所杂交育成。果实呈粗颈葫芦形,顶部略瘦小。平均单果重300克,最大果重750克。果皮光滑,黄绿色,阳面着淡红晕,有棱状突起。果肉淡黄白色,肉质中粗,经后熟后变软,汁液多,味酸甜芳香,可溶性固形物含量12.2%,品质优良。在辽宁省兴城果实 9 月上中旬成熟，果实发育期约为 130 天。常温下可贮存 20 天左右，在 8～10℃条件下，可贮放 2 个月；在 0～5℃下可贮放 4 个月。

　　树势较强，树姿开张。萌芽率强（87.4%），成枝力中等。定植后 4～5 年开始结果，以短果枝结果为主。有少量腋花芽。果台副梢连续结果能力达 36%，花序坐果率 88%，每序 1～2 个果，多为单果。较丰产稳产，无采前落果现象。适应性强，对土壤条件要求不严，抗旱、抗寒、抗风和抗腐烂病能力较强。

　　14. 红安久　美国华盛顿州发现的安久梨（D'Anjou）的浓红型芽变。

　　果实葫芦形，平均果重 230 克，最大 500 克。果皮全面紫红色，果面光亮平滑，果点中多，小而明显，萼片宿存，外观美。果肉乳白色，肉质细，石细胞少。采后一周后熟变软，汁液多，味酸甜，有芳香，可溶性固形物含量 14%，品质极上。果实耐贮性较好。室温下可存放 40 天，冷藏 6～7 个月，气调存放 9 个月。

　　树体中大，树姿直立，树冠近纺锤形。幼树长势强健，成龄树中庸或偏弱。萌芽率和成枝力均高。以短果树和短果枝群结果为主，连续结果能力强。自花结实率低，栽后 3～4 年结果，5 年丰产。适应性较强，较抗寒，对火疫病、黑星病和食心虫的抗性高于巴梨，对螨类特别敏感。在河北、山东一般 9 月下旬至 10 月上旬成熟。

　　15. 红巴梨　原名 Red Bartlett。澳大利亚发现的巴梨的红色芽变。

　　果实葫芦形，平均单果重 250 克。果面蜡质多，果点小、疏；幼果期果实全面紫红色，果实迅速膨大期阴面红色退去变绿，成熟至后熟后的果实阳面为鲜红色，底色变黄；果肉白色，后熟后果肉柔软、细腻多汁，石细胞极少，果心小。可溶性固形物含量 13.8%，味香甜，香气浓，品质极上。果实成熟期为 8

月下旬，常温下贮存 15 天，0～3℃条件下可贮 2～3 个月而品质不变。

树势较强，树姿直立，幼树萌芽率高，成枝力中等。幼树 3 年结果，4 年丰产。以短果枝结果为主，部分腋花芽和顶花芽结果；连续结果能力弱，自花结实能力弱，授粉树以艳红为好。采前落果少，较丰产稳产。

16. 凯斯凯德（Cascade） 美国品种。

果实大，平均单果重 290 克。果实短葫芦形，果皮深红色。果肉白色，肉质细，汁液多，味甜，香味浓，可溶性固形物含量 17.8%。在北京果实 9 月中下旬成熟，采后经 15～20 天完成后熟。较耐贮藏。

树势强，树势健旺，树姿半开张。萌芽力、成枝力均高。枝条直立，以短果枝结果为主，自花不实。易成花，结果早，较丰产。适应性强，病虫害少，耐干旱及中度盐碱。

17. 派克汉姆（Packham） 又称啤梨，澳大利亚品种。

果实中大，平均单果重 300 克，果实倒卵圆形。果皮黄绿色，有红晕。果面凹凸不平，有棱突和小片锈。果肉白色，经后熟肉质变软，细腻多汁，味甜，香味浓郁，可溶性固形物含量 14%。在北京果实 9 月底成熟。

树势强，树姿半开张。萌芽率和成枝力中等。各类枝条均可成花结果，但以短果枝结果为主，果台副梢或短果枝连续结果能力强。丰产稳产。

第四章

梨优质苗木繁育技术

梨树是多年生植物，定植后将生长结果多年，苗木的质量不仅直接影响栽植成活率和定植后几年的生长量和整齐度，而且对结果早晚、产量、质量、寿命都有长远的影响。生产实践证明，只有利用品种优良、砧木适宜的优质大苗，才能建成早结果、丰产优质、经济效益高的梨园。因此，掌握优质苗木繁育技术对梨树的生产具有重要意义。

第一节　苗圃地的选择及准备

一、苗圃地的选择

培育梨苗木的苗圃以选择土层深厚、肥沃、中性或微酸性的沙壤土为好。要求地势平坦、高燥，排水条件良好。无为害苗木的病虫，且不能重茬，育过苗的地最好经过 3～4 年的轮作后再育苗。

二、苗圃地的准备

苗圃地在育前应进行深翻整地，耕翻深度 30 厘米以上。结合深翻施足底肥，每亩施入优质有机肥 2.5～5 吨、过磷酸钙 25～50 千克或磷酸二铵 20 千克。为预防立枯病、根腐病和蛴螬等，结合整地每公顷喷洒五氯硝基苯粉和甲敌粉各 45 千克。耕翻后整平耙细，按播种要求及起苗方式等做畦。一般人工起苗畦宽 1～1.5 米，长 10 米左右，畦埂宽 30 厘米。

第二节　梨苗木的培育技术

一、选择适宜的砧木类型

砧木对于接穗品种的影响非常大，主要表现在树体生长发育、开花结实和环境的适应能力等方面。因此，选择适宜的砧木是梨树栽培中非常关键的环节。良好砧木的要求是适应当地的环境条件，抗逆性强、抗病虫性好、嫁接亲和性好、无病毒等。矮化砧还应具有一定的致矮作用。

（一）我国常用梨属实生砧木

我国常用的梨属实生砧木主要有杜梨、豆梨、砂梨、秋子梨、川梨等（表4-1）。它们的具体特性详见第三章梨主要种类部分。

表4-1　我国常用梨属实生砧木的特性

砧木名称	适应性及抗性	嫁接梨树表现	适应地区
杜梨	适应性强，抗旱、耐寒、耐盐碱、耐涝、耐瘠薄	与多数梨品种嫁接亲和性好，根系发育好，生长健壮，丰产，寿命长	华北、西北、东北南部
豆梨	耐涝、耐热、抗旱、抗腐烂病	与砂梨和西洋梨品种亲和性强，比杜梨砧树根系浅，稍矮化	长江流域及其以南
砂梨	耐涝、耐热、抗腐烂病，适于偏酸性土壤	与多数梨品种嫁接亲和性好，根系发达，树体高大，丰产长寿	长江流域，广西、云南、四川等地
梨子梨	抗寒性极强、抗腐烂病、抗旱	与秋子梨、白梨、砂梨嫁接性好，根系发达树体高大，丰产长寿	东北、内蒙古、西北等地
川梨	耐涝、抗旱	生长健壮，丰产，结果良好	四川、云南、贵州等地

（二）我国选育的梨属矮化砧木

目前我国选育的梨属矮化砧木数量还不多，且在生产上还未广泛应用。我国梨属资源丰富，理应完全可以选育出适宜当地环境的、丰产的、抗性强的矮化砧木。我国的科研院所还应在此方面加强研究。

1. 中矮 1 号（原代号 S2） 中国农业科学院果树研究所从锦香梨实生后代中筛选出的紧凑型单系。中矮 1 号作中间砧嫁接早酥梨，矮化程度为乔砧对照的 74.8%，早果性强，定植第二年开花株率 84.6%，第三年大量结果，与基砧山梨、杜梨及栽培品种亲和性良好，无大小脚现象。

2. 中矮 2 号（原代号 PDR54） 中国农业科学院果树研究所以香水梨×巴梨杂交选育，中矮 2 号与基砧（杜梨或山梨）及现有栽培品种嫁接亲和性好，成龄嫁接树生长结果正常，可作中间砧或自根砧。矮化程度为对照（杜梨砧木）的 51.7%。嫁接树结果早，丰产性好。嫁接树果实可溶性固形物含量较对照提高 1%~2%，果实大小无明显差异。抗寒性较强，在吉林珲春、辽宁鞍山大冻害之年只有轻微冻害，平常年份能安全越冬；通过对中矮 2 号母株的枝干腐烂病和轮纹病的抗病性鉴定，高抗枝干腐烂病、枝干轮纹病（病情指数均为 0）。

3. K 系矮化砧木 是山西省农业科学院果树研究所李登科等在 1980—1981 年以久保、身不知、朝鲜洋梨、二十世纪、菊水、象牙梨等 10 多个具矮化倾向的品种（系）为亲本进行杂交，在其杂种实生苗中选择出来的，经过多年对其性状的系统观察和品种试验，初选出 15 个优系，从中复选出 13、19、21、28、30、31 等优系。这些优系表现砧穗亲和、易繁殖、适应性和抗逆性强等优点，嫁接品种树体矮化，树冠紧凑，开花结果早，丰产优质。1994 年 12 月通过山西省鉴定，正式定名为梨 K 系矮化砧木。据李登科等报道，K 系矮化砧木压条繁殖容易，可用做自根砧木或中间砧木，嫁接白梨系统栽培品种最好，抗干燥、抗寒冷，在土壤瘠薄、pH为7.8的石灰性土壤条件下，生长发育正常。但未见有关K系矮化砧木在生产上应用的报道。

（三）国外应用的梨矮化砧木

国外对梨矮化砧木研究较早，但均针对西洋梨，所以有些并不适合我国的梨树栽培。榅桲早在17世纪在英国和法国被用做梨的砧木，到20世纪20年代以后才得到广泛应用。在国外生产上应用最多的榅桲A和榅桲C，以哈代等作为亲和中间砧，嫁接西洋梨品种收到良好的效果。近年来，欧洲国家又相继选育了BA_{29}、Sydo、Adams332、QR193-196、C132、S-1、Ct. S. 212和Ct. S. 214。总的来说，嫁接在榅桲砧木的梨栽培品种均表现出早果、树体矮小、产量高、品质好的优点。但榅桲存在着在碱性土壤条件下叶片黄化，不抗寒，固地性差，与一些梨栽培品种嫁接亲和力差等缺点，致使在生产上的广泛应用受到限制。

梨属矮化砧木有美国的OH×F系、南非的BP系、法国的Brossier系和Retuziere系，在生产中有一定程度的应用。梨属矮化砧木在生产上难于繁殖，矮化能力比榅桲差，也在一定程度上限制其进一步发展。德国育种学家从Old Home×Bonne Louise d'Arranche选育出矮化型砧木Pyrodwarf，该砧木的矮化效果优于榅桲A，并表现早果，果大，易繁殖，与东方梨品种嫁接亲和性好的性状。

二、育苗技术

（一）实生苗培育

1. 种子的采集 选用种类纯正、生长健壮、无病虫害的成年树作为采种母株。当秋季砧木种子充分成熟时，一般在9～10月，将果实采下，放入容器中或堆积以促进果肉软化，堆高最好在40厘米以下，还要经常翻动，以防温度过高（保持在45℃以下），以免种子失去生活力。捣烂果肉，用水冲洗后取出种子，置于暗处阴干以利于贮藏，注意最好不要曝晒。

如购买种子，应选择信誉好的单位购买，并注意种子的纯正，最好做种子生活力鉴定。

2. 种子生活力鉴定　鉴定种子生活力的方法较多，在生产上易于推广的有以下 3 种：一是目测法，凡种皮有光泽，种子饱满，大小均匀，千粒重大，种胚和子叶白色，不透明，有弹性，用指甲挤压种仁呈饼状，无发霉气味者生活力较强。种仁透明，压挤后破碎者为陈旧种子。二是染色法，将种子浸于水中 10～24 小时，使种皮软化，剥去种皮后，将种仁放入 5％的红墨水中染色 2～4 小时，将种仁取出后用清水冲洗。全部着色者表示种子已失去生活力，部分着色者表示种子生活力较差，不着色者为生活力良好的种子。三是发芽试验，将经过沙藏的种子，放在衬有吸水纸（纱布）的培养皿或盛有湿沙的容器中，置于 20～25℃温度下，发芽后调查发芽率。这种方法最为可靠，接近田间发芽率。

3. 种子层积处理（沙藏）　梨树种子具有休眠的特性，需要在一定时间的低温层积处理，才能打破休眠，促进种子萌发。少量种子可放入木板箱、瓦盆等容易渗水的容器，然后埋在地势较高的、温度较低的、地下水位较低的阴凉处。大量种子需挖沟沙藏。选择地势较高，排水良好的背阴处，挖一深 60～90 厘米的条状沟，长度依种子数量而定。可用 1 份种子加 5 份河沙，河沙含水量控制在 50％（用手捏成团而不滴水为适度），与种子混合均匀放于沟中，直到距地面 20 厘米时，再用湿沙覆盖到与地面相平。然后用土培成土丘状，以利于排水。沟中每隔一段距离插一小把玉米秸通气。期间注意检查，防止干燥和鼠害。春季气温回暖时，注意翻拌，以防种子发芽和下层种子霉烂。当有 10％～20％的种子露出白尖时即可取出播种。

未经层积处理的种子，可在播种前 30 天左右，用两份开水对一份凉水浸种 10 分钟，并充分搅拌，等待自然降温后继续浸泡 2～3 天，每天换水一次，然后进行短期沙藏。播种前再进行催芽处理。

4. 播种时期 分为春播和秋播两种。在冬季干旱、严寒、风沙大，鸟类、鼠类危害严重的地区，宜采用春播，所以北方多以春播为主。在冬季较短不太寒冷，土质较好，土壤温度较稳定的地区可采用秋播，秋播可省去种子的层积处理，种子播后在土中通过休眠。春播时间长江流域通常在2月下旬至3月下旬，华北、西北地区在3月中旬至4月上旬，东北地区在4月。秋播时间长江流域在10月上旬至11月中旬，华北地区通常在10月中旬至11月中旬。

5. 播种方法 多采用带状条播。畦宽1.5～1.6米，每畦播4行，窄行行距25厘米，宽行行距（带距）45厘米。播种沟深2.5厘米左右。如墒情不好，可在沟内浇小水，水渗后播种覆土。然后覆盖上地膜，用于保墒和提高地温，以利于出苗。也可采用打孔播种的方法。此法是先做好畦，为了便于操作，畦宽宜窄些，一般在1.2米，然后覆上地膜，可选用黑色地膜，除了保墒增温外，还有抑制杂草的作用。然后按行距40厘米、株距15厘米进行打孔播种，每孔2～3粒种子。为了加速苗木生长，可采用小拱棚育苗，须提前播种，如过晚棚内气温太高，反而影响苗木生长。

6. 播后管理 苗木长到5～6片真叶时进行一次间苗，株距15厘米左右，间苗后每亩追施尿素5千克或磷酸二铵5千克。追肥后浇水，并中耕松土。注意防治苗期立枯病和蚜虫、刺蛾等病害虫。结合病虫害防治，还可进行叶面喷施0.3%尿素。为按期达到嫁接粗度（>0.6厘米），可在苗高30厘米左右时，留大叶片7～8片处，进行摘心。杜梨等实生苗一般主根发达，侧根少而弱，移栽后成活慢，缓苗期长。若在两片真叶时切断主根先端，可使实生苗生长出较好的侧根。或在秋季嫁接成活后用长铲将苗木主根25厘米左右处铲断，亦可促发大量须根。

(二) 矮化自根苗的培育

梨矮化砧多采用无性繁殖，如压条、扦插、组织培养等。生产中常采用压条和扦插。

1. 压条　分为水平压条和直立压条两种。

水平压条：将矮砧母株与地面呈45°夹角栽植。春季将母株上充实的一年生长枝水平压倒，用木钩固定于深度为5厘米的沟中，芽萌动前，沟中覆2.5厘米的锯末或细土，芽萌发后，幼嫩新梢基部得不到光照，起到黄化的作用，有利于生根。当新梢长到30厘米时，培锯末或湿土于新梢基部，高度为10厘米左右。1个月后再培一次，深度达到20厘米左右。秋季扒开培基物，剪下生根的小苗即可为矮化自根砧苗（图4-1）。

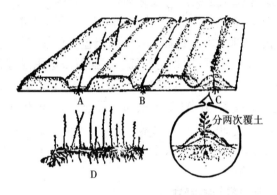

图4-1　水平压条示意图
A. 斜栽　B. 压条　C. 培土　D. 分株
（引自邢卫兵等，果树育苗）

直立压条：将矮砧母株与地面呈90°夹角栽植。为将来培土方便，可采用深沟浅埋的方法栽植。栽植后砧木苗剪留3～5个芽，当新梢长到15厘米左右时进行第一次培土，培土高度为5厘米，当新梢长到30厘米左右时进行二次培土，高度15厘米左右。当新梢长到50厘米时再培土。秋季落叶后扒开培土堆，从母株上分段剪下生根小苗即为矮化自根砧苗（图4-2）。按苗大小、生根状况分级定植于苗圃，作为砧木使用。

2. 扦插　对于易生根的榅桲，可用此法。扦插前施足底肥，

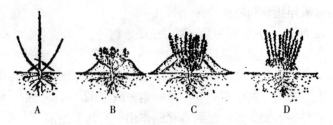

图 4-2　直立压条示意图

A. 短截促萌　B. 第一次培土　C. 第二次培土　D. 扒垄分株

（引自邢卫兵等，果树育苗）

深翻细耙，增加活土层。一般深翻以 25～30 厘米为宜，同时加入适量河沙，保持土壤疏松。耕平整之后，即可做畦。一般畦宽 1.5 米，长 10 米左右。扦插前在畦内覆盖黑色地膜。当 15 厘米土层温度达到 9～12℃时即可扦插。扦插枝条选用发育正常的一年生发育枝，剪成 10～15 厘米长的枝段，枝段基部削成马耳形。扦插前用 100 毫克/升 ABT 生根粉 1 号或 0.05% IBA 浸泡枝段 5～8 小时。按行距 40～50 厘米，株距 15～20 厘米，插条与地面呈 45°角穿透地膜斜插入土，顶端芽露出地面，插后及时灌水，地膜插口处可覆细土。

（三）无病毒苗的培育

梨树病毒种类繁多，目前国内外报道的梨树病毒及类似病毒有 23 种，我国目前已鉴定明确的有 5 种，即梨石痘病毒、梨环纹花叶病毒、梨脉黄花病毒、榅桲矮化病毒和苹果茎沟病毒。脱除梨树病毒的方法主要有：

1. 恒温热处理　在 37～38℃恒温条件下热处理梨苗 28～30 天，然后切其顶梢（大小为 0.5～1.0 厘米），嫁接在实生杜梨砧上，成活后进行病毒检测。

2. 变温热处理　在变温（30℃和 38℃两种温度每隔 4 小时换一次）条件下处理梨苗 3 周，然后切取长为 0.5～1.0 厘米的茎尖，嫁接在实生杜梨砧上，成活后进行病毒检测。

3. 茎尖培养　用无菌操作技术切取 0.1～0.3 毫米的茎尖，在准备好的培养基上培养，获得的无菌苗长到 2 厘米高时进行病毒检测。

4. 茎尖培养与热处理相结合　与茎尖培养法一样，培养出无根苗后，放入 37℃±1℃ 下处理 28 天，再切取 0.5 毫米左右茎尖进行培养，或者如热处理方法一样，进行热处理后取 0.5 毫米的茎尖接在培养基上进行培养，然后进行病毒鉴定。

经过脱毒处理所得的脱毒苗即为无病毒母本树，然后分级建立无病毒采穗圃，以满足生产无病毒苗木的需要。

三、苗木嫁接

(一) 芽接

芽接是以芽片为接穗的嫁接繁殖方法。主要方法有 T 形芽接、嵌芽接、套管芽接、方块形芽接等。

1. 芽接前的准备

(1) 接穗的采集　接穗应从营养繁殖系的成年母树上采集。母树必须品种纯正、生长健壮、无病虫害或检疫对象。一般采用树冠外围生长充实的新梢中段作接穗，采后立即剪去叶片，留下叶柄，以随采随用为好。如需存放，可打成一捆并挂好标签，放于冷库或地窖并埋于湿沙中。

(2) 砧木的准备　在嫁接前一周左右灌水 1 次，抹除砧木基部 10 厘米以下的分枝和叶片。

2. 芽接时期　在砧木和接穗皮层容易剥离时进行。北方芽接的时期为 7 月下旬至 8 月中旬；南方为 8 月中旬至 9 月下旬。接后当年接芽不萌发，翌年萌发生长成苗。

3. 芽接方法　常用的芽接方法是 T 形芽接、带木质 T 形芽接和嵌芽接。

(1) T 形芽接　嫁接时先削取接芽，左手拿接穗，右手拿芽接刀在接芽上方 0.5 厘米处横切一刀，要环枝条 3/4，深达木质

部，但也不要过重伤及木质部，以免取接芽时带下木质部。再在
接芽下方 1.5 厘米处斜向上削一刀，长度超过横切口即可。两指
轻捏叶柄基部，左右掰动使之剥离下来，注意保护芽内的维
管束。

在砧木距地面 5 厘米左右的光滑区域用芽接刀切 T 形刀口，
横切刀口要宽于芽片的横切面。用刀尖轻轻剥开砧木皮层，将盾
形芽片迅速插入，使芽片完全插入砧木的皮下，并使芽片的上边
与砧木的横切口对齐，用薄膜包扎严密（图 4-3）。

图 4-3 T 形芽接
（引自郗荣庭，果树栽培学总论）

（2）带木质 T 形芽接 是接穗芽片带有木质部的芽接方法。
通常在以下情况下，使用带木质部 T 形芽接：①接穗皮层不易
剥离；②接穗节部不圆滑，不易剥取不带木质部的芽片；③接穗
枝皮太薄，不带木质部不易成活。该方法简单、速度快、节省接
穗、成活率高。

主要操作技术要点如下：带木质芽接接穗与砧木的削法与 T
形芽接相近，唯有在削接穗时，横刀较重，直接将芽片切下。接
穗的削取，一般用芽接刀，较粗的接穗亦可用修枝剪进行。砧木
上切口的操作手法与 T 形芽接相同。将带木质部芽片插入 T 形
切口，用塑料薄膜绑严接口（图 4-4）。

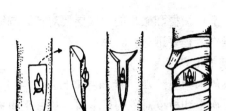

图 4-4　带木质 T 形芽接

（引自李光晨，园艺通论）

（3）嵌芽接　当砧木和接穗不离皮时，可用嵌芽接，这样延长了嫁接时期，操作方便，效果较好。

从芽的上方向下斜削一刀，深达木质部的 1/3，长约 2.5 厘米，在芽下方 0.5～1 厘米处斜切到第一刀刀口处。取下倒盾形的带木质部芽片。用同样方法，在砧木上切取一样式相同但尺寸略大的芽片，这样就在砧木上留下一嵌槽，将接穗的芽片嵌入砧木的槽内，使两者的形成层两侧或一侧对齐，并用薄膜绑紧包严。

4. 接后管理　芽接后 15～20 天即可检查成活情况，如果芽片皮色新鲜，叶柄一触即落，则表示已经成活；如叶柄不落，芽片干枯，说明没有成活，需马上补接，或翌年春季采用枝接法补接。对于已成活的苗木，可适时解绑，对于嵌芽接成活的苗木可留待第二年萌芽前解绑。芽接成活的苗木在第二年萌芽前，在接芽上方 0.2～0.5 厘米处剪砧。注意及时去除苗基部的萌蘖，以利于接穗的芽的生长。加强肥水管理，每亩追施尿素 10 千克，或追施硝酸铵 15 千克。灌水后及时松土保墒，注意及时清除杂草。

（二）枝接

枝接是以一个或几个芽的一段枝条作为接穗的嫁接方法。枝接技术直接影响嫁接成活率，在操作过程中要掌握好砧木切口、接穗削面要平滑，接穗和砧木的形成层要对齐，绑缚要紧，密封要严，整个操作过程要迅速。

1. 枝接前的准备

（1）接穗的采集与处理　接穗要来自品种纯正、生长健壮、性状优良、无病虫和检疫对象的母本树。最好采集树冠外围的一年生发育枝。接穗可结合冬剪时采集。采集后 50 根捆成一捆，挂好标签，放于地窖或冷库中用湿沙埋好或选背阴处挖沟沙藏。

（2）砧木的准备　枝接砧木的准备同芽接。

2. 枝接时期　枝接从树液开始流动到砧木展叶均可嫁接。华北地区一般在 3 月中下旬到 4 月上中旬。

3. 枝接方法

（1）腹接　接穗可用修枝剪剪削。选定接穗上将要嫁接的芽子，在其下 2～2.5 厘米处剪断，将要嫁接的芽置于接穗的右侧，然后将修枝剪以接穗横断面为支点，剪刀片向下斜切一剪至接穗横断面，再将接穗反置，用修枝剪剪削成略短的斜面，要有芽的一侧略厚。用修枝剪在砧木合适的部位斜向下斜剪一剪口，在修枝剪尚未抽出之前，利用修枝前的支撑作用，将削好的接穗插入砧木的切口，将形成层对齐，将接穗留单芽截断，随后用地膜包扎，芽的部位只有一层膜，且紧贴在芽上，其余部分包紧包严，芽萌发后可自行顶破地膜。单芽腹接仅需一把较快的修枝剪，嫁接效率高，成活好，接后管理方便，应在生产上大力推广应用。

（2）插皮接　适于砧木较粗，皮层较厚且易离皮时采用。选定接穗上的芽子，在其相对面用刀削成一个长 2.5～3 厘米的长削面，再将另一面削成 0.5 厘米左右的小斜面，剪砧时，剪刀与砧木横断面呈一定角度，剪出为一斜面，在斜面高的一面用刀尖将皮层轻轻撬起，将接穗长削面向内插入备接枝的木质部和韧皮部之间，上部露白 0.3 厘米左右，随后绑严。

（3）劈接　将接穗基部的两侧削成长 1.5～2.0 厘米的楔形削面，削面的两侧应有芽的一侧稍厚些，另一侧稍薄些，再用剪子或利刀在剪断砧木横断面的正中央垂直劈开一个长约 2.5 厘米的切口，将削好的接穗宽面向外、窄面向里插入切口，并使形成层对齐，接穗削面上端略高于切口 0.2 厘米左右（俗称露白），然后用塑料薄膜绑紧扎严。

4. 接后管理　随着嫁接苗的生长，砧木基部会长出许多萌蘖，应反复抹除以促进接穗品种的生长。对于春季枝接的苗木，应在 6 月上中旬用单面刀片划破塑料膜，避免形成勒伤，不但影响嫁接口的加粗生长，而且还会被风刮折。对于有些成活后苗木不能直立生长的，可采用立支棍绑缚的方法予以扶正。5 月上中旬追肥、灌水。一般每亩施氮磷钾三元复合肥 50 千克、尿素 15 千克。生长前期叶面喷施 0.2% 尿素 3～4 次，后期叶面喷施 0.3% 磷酸二氢钾 1～2 次。注意病虫害的防治，尤其是食叶类害虫。

四、矮化中间砧苗木的培育

实生砧木苗和矮化砧木苗可通过播种繁殖和无性繁殖得到的实生砧木和矮化砧木上直接嫁接梨品种得到，嫁接方法按上述方法操作即可。而矮化中间砧苗木相对复杂些，它由三部分组成，即基砧、矮化中间砧、梨品种。基砧多用杜梨等抗逆性较强的实生苗。矮化中间砧长度对矮化中间砧苗木的矮化效果影响较大，一般矮化中间砧长度越长，矮化效果越明显。矮化中间砧长度需通过试验确定，一般长度在 20～30 厘米。培养矮化中间砧苗木常用方法有以下四种：

1. 二次芽接法　第一年培育基砧苗，并于秋季芽接中间砧芽，第二年春季剪砧，中间砧萌发生长，然后根据矮化中间砧长度要求，在中间砧相应高度芽接接穗品种，第三年春在接穗品种芽上端剪砧，使接穗品种萌芽生长，到秋季可培育出矮化中间砧苗木。此法繁殖矮化中间苗木需 3 年时间。

2. 分段芽接法　第一年准备实生苗和矮化砧苗，当年秋季在矮化中间砧上按要求的长度，分段芽接接穗品种。第二年春季萌芽前将带有接穗品种接芽的中间砧段分段剪下，用枝接的方法嫁接于准备好的实生基砧上，秋季成苗出圃。此法繁殖矮化中间苗木需2年时间。

3. 双芽接再靠接法 第一年准备实生苗，并于当年秋季在实生苗基部芽接矮化中间砧芽，在距中间砧接芽5～7厘米处的另一侧芽接接穗品种。第二年春季，从接穗品种芽的上端剪砧，同时在中间砧芽的上方刻伤，促使两个接芽同时萌发生长。夏季将中间砧和接穗品种萌发的新梢靠接，成活后剪去靠接口上端的矮化砧新梢，秋季即可成苗出圃。此法繁殖矮化中间苗木需2年时间。

4. 二重枝接法 先准备好基砧苗和中间砧段。春季萌芽前，先将接穗品种用切接法或劈接法嫁接在一定长度的矮化中间砧枝段上，用薄膜把嫁接口绑紧包严的同时，再将中间砧枝段用薄膜包严。再将整个枝段用劈接或腹接法嫁接到基砧。此法两次嫁接一次完成，缩短了育苗时间，繁殖矮化中间苗木只需1年时间。

在梨树生产中，还有利用非梨属植物（如榅桲等）作矮化砧木的情况，由于榅桲与中国梨品种直接嫁接不亲和，为解决此问题，需在砧木与品种间嫁接一段亲和中间砧（常用哈代、故居等）。一般对亲和中间砧的长度没有要求。对于此种苗木的繁殖可参考矮化中间砧苗木的培育方法。

第三节 苗木出圃、检疫与贮运

苗木出圃是育苗工作的最后环节。出圃准备工作和出圃技术直接影响苗木的质量、定植成活率及幼树的生长。

一、出圃前的准备工作

主要包括：①对苗木种类、品种、各级苗木数量等进行核对和调查。②根据调查结果及订购苗木情况，制定出圃计划及苗木出圃操作规程。③根据情况选择起苗方式，是机械起苗还是人工起苗，如机械起苗，事先检修起苗机，如人工起苗，事先调配劳动力，准备起苗工具，准备包装材料、标签和捆绳等。

二、起苗

起苗时间在秋季苗木落叶期（以全树 80％以上自然落叶为准）至春季萌芽前，也可适当考虑用苗单位的需求时间来确定，一般北方地区的起苗时间在 11 月上旬至翌年的 3 月下旬。人工起苗时，应从苗旁 20 厘米处开沟、深铲，苗木根系保留 20 厘米以上，防止根系劈裂或过短，尽量多带侧根和细根。操作时动作要轻，切勿碰破苗木皮层。

随着生产的发展，用起苗机起苗的苗圃已开始增多。机械机苗不仅能提高工作效率，减轻劳动强度，而且苗木根系大而完整，质量好，宜于大型苗圃采用。

机械起苗一般就是当拖拉机拖动起苗机前进时，起苗刀切入苗床（或苗垄），在要求土层深度位置切开土垡的同时，切断苗根和松碎土垡，然后由人工或机械从松土中捡出苗木。目前国内所用的起苗机绝大多数是悬挂式，根据所起果苗的规格不同可分为小苗起苗机和大苗起苗机两种。一般起苗机起苗后的捡苗、分级和包装等工序还需要由人工完成。在国外和国内少数新产品上，起苗铲后装有抖动装置或敲打苗根的装置，用以增加苗根与土壤的分离程度。

三、苗木分级

起苗后应按中华人民共和国行业标准《梨苗木》（NY/T 475—2002）进行分级，其中实生砧苗参见表 4 - 2，矮化中间砧苗参见表 4 - 3。

表4-2　梨实生砧苗的质量标准

项目		规格		
		一级	二级	三级
品种与砧木		纯度≥95%		
根	主根长度（厘米）	≥25.0		
	主根粗度（厘米）	≥1.2	≥1.0	≥0.8
	侧根长度（厘米）	≥15.0		
	侧根粗度（厘米）	≥0.4	≥0.3	≥0.2
	侧根条数（条）	≥5	≥4	≥3
	侧根分布	均匀、舒展而不卷曲		
基砧段长度（厘米）		≤8.0		
苗木高度（厘米）		≥120.0	≥100.0	≥80.0
苗木粗度（厘米）		≥1.2	≥1.0	≥0.8
倾斜度		≤15°		
根皮与茎皮		无干缩皱皮，无新损伤，旧损伤总面积≤1.0厘米^2		
饱满芽数（个）		≥8	≥6	≥6
接口愈合程度		愈合良好		
砧桩处理与愈合程度		砧桩剪除，剪口环状愈合或完全愈合		

表4-3　梨营养系矮化中间砧苗的质量标准

项目		规格		
		一级	二级	三级
品种与砧木		纯度≥95%		
根	主根长度（厘米）	≥25.0		
	主根粗度（厘米）	≥1.2	≥1.0	≥0.8
	侧根长度（厘米）	≥15.0		
	侧根粗度（厘米）	≥0.4	≥0.3	≥0.2
	侧根条数（条）	≥5	≥4	≥4
	侧根分布	均匀、舒展而不卷曲		

（续）

项目	规格		
	一级	二级	三级
基砧段长度（厘米）	≤8.0		
中间砧段长度（厘米）	20.0～30.0		
苗木高度（厘米）	≥120.0	≥100.0	≥80.0
苗木粗度（厘米）	≥1.2	≥1.0	≥0.8
倾斜度	≤15°		
根皮与茎皮	无干缩皱皮，无新损伤，旧损伤总面积≤1.0厘米^2		
饱满芽数（个）	≥8	≥6	≥6
接口愈合程度	愈合良好		
砧桩处理与愈合程度	砧桩剪除，剪口环状愈合或完全愈合		

四、苗木检疫

苗木检疫是在苗木调运中，禁止或限制危险性病虫人为传播蔓延的一项国家制度。苗木检疫主要是严防危险性病虫随植物体、植物产品、交通运输工具和包装材料输入和输出。将局部地区发生的危险性病虫封锁在一定范围内，防止向未发生地传播，同时采取各种有效措施，逐步缩小发生范围直至消灭。检疫对象是指国家规定禁止从国外传入和在国内传播并且必须采取检疫措施的病、虫、杂草及可能携带这类病虫的植物等的名单。

从国外引种或国内地区间调运种苗和繁殖材料，须事先提出引种或调运计划和检疫要求，报主管部门审批后，持审批单和检验单到检疫部门检验，确认无检疫对象的，发给检疫合格证，准予引进或调出。

五、苗木包装

将分级好的苗木，按级打捆，每25株或50株一捆，打捆时把根系端摆齐，在近根系部位和苗木上部1/3处各捆一道草绳，将苗木扎紧。目前对苗木捆扎多采用人工方式，有的是借用箱包打包机进行苗木捆扎，最好选用专用苗木扎捆机进行苗木捆扎。然后把成捆的苗木根端装入蒲包（麻袋、编织袋等），包内苗根和苗茎要填充保湿材料，以防苗木失水。包内外要附有苗木标签，标明品种、等级和数量等。

六、苗木运输

将包装好的苗木整齐码放在车厢内，用苫布包裹严密，既要有效地保持水分，又要减轻运输途中的风害。在运输过程中要及时检查，防止出现苫布漏风的情况，同时检查苗木状况，发现苗木失水应及时补水。如果距离较长，应适当停车通风，防止苗木自身产生的生物热烧坏苗木。

七、苗木假植

苗木不能及时外运或不能近期栽植则要及时进行假植。苗木假植分为临时假植和越冬假植（即贮藏）。

（一）临时假植

秋天苗木起出后到秋栽前，将苗木临时贮藏，其方法很简单，只要用湿土埋住苗木根部即可。

（二）越冬贮藏

越冬贮藏是秋季出圃、春天栽植的苗木的保存方法。其贮藏要求严格，一般采用沟藏方式进行。即在背风、干燥、背阴、不易积水处，沿南北方向挖一条贮藏沟，沟宽1.5～2米，沟深0.8～1.0米，长度依贮苗量而定。然后在底部铺5～10厘米厚一层河沙。河沙湿度以手握能成团，松开一触即散为宜。接着在沟的一端，将苗木根朝下、头朝上地倾斜放置。每放一层苗，即在根部培一层湿沙，最后再在苗木上培湿河沙，将苗埋严。以防止苗木抽干或受冻。埋土最好分2～3次进行，最后加培30～40厘米厚的沙土。严寒地区要求培土到定干高度。必须注意的是，苗与沙一定要相间放置，使沙尽量渗透到苗木间隙中，使苗木充分与河沙接触，保证苗木贮藏质量。

　　假植苗应按不同树种、品种、砧木、级别等分段分开假植，严防混乱。苗木假植完成后，对假植沟应编顺序号，并插立标牌，写明树种、品种、砧木、级别、数量、假植日期等，同时还要绘制假植图，以便于标牌遗失时查对。在假植区的周围，应设置排水沟排除雨水及雪水，同时还应注意预防鼠害。

第五章

梨标准化建园技术

规范化、标准化梨园的建立是一项重要的基础工程，是梨树丰产、优质及省力管理的前提。梨园的建立既要考虑梨树自身生长发育的特点及其对环境条件的要求，又要做到规划合理，建园标准，还要兼顾前瞻性，预测未来的发展趋势和市场前景。因此，建园必须进行综合考虑，全面规范设计，精心组织实施。

第一节 园地的选择

一、梨树适应性与园地选择

梨树适应性极强，南起广东、云南，北到内蒙古、黑龙江，东到渤海之滨，西到新疆天山，无论是平原、沙地、山冈、丘陵，还是河滩盐碱地、红黄土地都可栽植。但地理位置的优劣、土壤条件的好坏，对梨树的生长发育和果实品质的影响还是比较明显的。因此，不同的生态条件下，对园地的选择和注意的问题也是不同的。

在我国东北及内蒙古等寒地梨园，注意的问题是冻害，因此要选择背风向阳坡地种植，并选择耐寒的品种和砧木栽植，以及抗寒栽培。在我国华北地区，尤其是黄河故道地区，多低洼冲积沙地，地下水位高，有一定的盐碱。春季易干旱，多风沙，雨季大多集中在夏季，易涝，要选择有灌溉条件的沙壤土或排水良好的轻碱土栽植，并且建园时要营造防护林，防止风沙。要建好排灌系统，防止旱涝。在我国华南及长江流域，要选择地势高燥的半阴坡栽植，并且要选用适宜的砧木和品种，建好排水系统，防止涝害。滨海盐碱地区建园时，要进行推土台田、开沟排水、引蓄淡水、淋盐及防风等工作。

二、梨果安全与园地环境的选择

随着我国经济、社会的发展和人民生活水平的日益提高，人们对果品食用安全的要求越来越高。国家为了保证人民群众的身体健康，也在积极推进无公害、绿色和有机果品的生产。无公害果品是指果品中有毒物质控制在标准限量范围之内的果品。绿色果品是遵循可持续发展原则，按照特定生产方式生产，经专门机构认定，许可使用绿色食品标志的无污染的安全、优质、营养类果品。在审批过程中将其又分为 AA 级和 A 级。有机果品是指根据国际有机食品种植标准和生产加工技术规范而生产的、经过有机食品颁证组织认证并颁发证书的果品。三者的关系，无公害果品突出安全因素控制；绿色果品既突出安全因素控制，又强调果品优质与营养；有机果品注重对影响生态环境因素的控制，建立良好的农业生态体系，生产营养丰富的健康果品。它们有各自的标准、产品标志、管理和颁证部门。

安全的果品生产依赖于良好的环境质量，因此，对于所选园地的环境质量也有必要在栽植前进行评价。评价结果至少应符合无公害环境质量标准才能进行规划设计，否则另选其他符合条件的园地。环境质量的评价要素包括：大气质量、灌溉水质量和土壤质量。

（一）梨园地大气环境质量的评价

人类对梨生产基地的大气环境是很难控制的，所以只能有目的地进行选择。安全的梨生产基地应选择在无污染和生态环境良好的地区，应远离工矿区和公路铁路干线，避开工业和城市污染源的影响，特别注意在梨园的上风端决不能存在污染源。对于具体大气环境质量标准详见表 5-1。

表5-1 无公害、绿色和有机果品生产对大气环境的要求

	无公害果品		绿色果品		有机果品	
	日平均	1小时平均	日平均	1小时平均	日平均	1小时平均
总悬浮颗粒物（毫克/米³）	0.30	—	0.30	—	0.12	—
可吸入颗粒物（毫克/米³）	—	—	—	—	0.05	—
二氧化硫（毫克/米³）	0.15	0.50	0.15	0.5	0.05	0.15
氮氧化物（毫克/米³）	0.12	0.24	0.10	0.15	0.10	0.15
氟化物（F，微克/米³）	—	—	7.0	20.0	7.0	20.0
臭氧（毫克/米³）	—	—	—	—	—	0.12

注：—表示对于此项指示没有要求。

（二）梨园地土壤环境质量的评价

土壤是果树生产的基体，土壤受到污染，就会对果树的生长产生直接或间接的影响，进而影响到梨果实的品质和质量。从果树生产的角度来说，土壤中的污染状况对果树生产和果实品质的影响最大。具体指标详见表5-2。

（三）梨园地灌溉水质量的评价

水是梨树正常生长发育必不可少的因子，所以梨园的灌溉用水需清洁无毒，不能或少量含有污染物，特别是重金属和有毒物质。具体指标详见表5-3。

表5-2 无公害、绿色和有机果品生产对土壤污染物的要求（毫克/千克）

项目	无公害果品			绿色果品			有机果品
	pH<6.5	pH6.5~7.5	pH>7.5	pH<6.5	pH6.5~7.5	pH>7.5	自然背景
总汞≤	0.3	0.5	1.0	0.25	0.30	0.35	0.15
总砷≤	40	30	25	25	20	20	15

（续）

项目	无公害果品			绿色果品			有机果品
	pH ＜6.5	pH6.5～ 7.5	pH ＞7.5	pH ＜6.5	pH6.5～ 7.5	pH ＞7.5	自然背景
总铅≤	250	300	350	50	50	50	35
总镉≤	0.3	0.3	0.6	0.3	0.3	0.4	0.2
总铜≤	150	200	200	50	60	60	35
总铬≤	150	200	250	120	120	120	90
滴滴涕≤	0.5	0.5	0.5	0.5	0.5	0.5	0.05
六六六≤	0.5	0.5	0.5	0.5	0.5	0.5	0.05

表5-3　无公害、绿色和有机果品生产
对灌溉水质量的要求（毫克/升）

项目	无公害果品	绿色果品	有机果品
pH	5.5～8.5	5.5～8.5	5.5～8.5
总汞≤	0.001	0.001	0.001
总砷≤	0.10	0.05	0.05
总铅≤	0.10	0.10	0.10
总镉≤	0.005	0.005	0.005

第二节　梨园的规划设计

梨园的规划设计内容包括小区的划分、道路系统、灌排系统、品种的选择与配置、防护林的规划与设计、附属建筑物等方面。在规划设计时，首先对园地进行实地踏查并详细测量，主要内容包括地形、地貌、面积、水源、植被等情况，按比例作出平面图（平地）或地形图（山丘地）。在此基础上，图纸和实地结合作具体的规划设计。建立几百亩几千亩的大梨园，涉及的问题非常多，必须把方方面面的（有利的和不利的）因素考虑周全，然后再作出最合理的规划设计。规划设计完成后最好请有经验的专家会诊审定，通过后再实施。

一、园地的规划与设计

(一) 小区的规划设计

小区，又称作业区，是为了方便生产管理而设定的。对于面积较大和山丘地梨园，可根据地形、地势、土质、小气候等的不同，把全园划分成若干小区。同一小区内的土壤质地、地形、小气候等应基本保持一致。大中型的平地梨园每个小区面积可设计8～10公顷，小型梨园小区面积可适当减小，可设为1～3公顷。一家一户的梨园也可不设小区。山丘地梨园地形复杂，气候、土壤差异较大的地区，每小区可缩小至0.5～2公顷。小区的形状要因地制宜，山丘地梨园可依地形设计成梯形、平行四边形、扇形、带形等。小区的长边与等高线走向、行向平行，以利于水土保持、机械作业和土肥水管理。平地梨园设计成南北行向的长方形为好，以利于光照和减少机械作业的转变次数。可按长边与短边比例2∶1或5∶2～3设计。小区的划分最好与道路、灌排沟渠、防护林设计等统筹规划。

(二) 道路系统的规划设计

良好而合理的道路系统可提高生产管理和运输的效率，也是标准化梨园的标志之一。道路由干路、支路和小路组成。干路是梨园的主要道路，位置居中，贯穿全园，把梨园划分成几个大区，一般外与公路相连，园内与支路相通，路宽6～8米。支路设在小区区界，也可作为全园的环园路，与干路垂直相通，宽4～6米。小路即作业道，设在小区内梨树行间，宽度1～3米，如干路和支路设计比较合理的，也可不设小路。小型梨园为了减少非生产用地，可以不设主路和小路，只设支路。山丘地梨园，地形复杂多变，可因形设路，当坡度小于10°时，支路可直上直下，路面中央高，两侧稍低；当坡度大于10°时，支路宜修成之字形绕山而上，并使路面向内倾斜 2°～3°，以防雨水冲刷。对于横坡路应大致等高设置，并有 3‰～5‰的比降，且路内侧设排水沟。对于规则的独立山包的道路可进行同心圆形设计。如地形特别复杂，坡度大的山区可设空中索道。

（三）灌排系统的规划设计

灌排系统是防止梨园旱涝灾害和正常管理的基本设施。

灌水系统的设计，首先考虑水源的问题。若采用地下水灌溉，可根据梨园具体情况，选定合适位置打井，根据梨园面积大小打几眼井。然后考虑采用什么输水系统，是渠道还是管道，高标准建园还是建议使用管道输水。最后考虑采用哪种灌水方法，是地面漫灌还是微喷滴灌。虽然我国大部分梨园还是采用地面漫灌，但随着水资源的短缺和节水农业的发展，建议新建的高标准梨园采用节水的微灌方式。由于技术性要求较高，可找相关公司负责设计、安装和维护。若采用河、湖、水库等水源，也需考虑采用明渠还是管道输水。

地下水位高、雨季易发生涝害的低洼地，地表径流大、易发生冲刷的山坡地，以及低洼盐碱地必须设计排水系统。先要实地查看排水去向、洪涝去处和顺水坡面。根据园地情况，采用明沟排水或是暗沟排水，明沟排水快，深沟还兼有降低地表水位的作用，但占地面积大且须经常整修。暗沟一般不占用梨园用地，不影响机械作业，但造价较高。高标准建园提倡暗沟排水。平地梨园排水系统相对简单，全沟比降 0.03‰～0.1‰，排水沟顺行开放，直通小区边缘的支渠，再汇集导入园外干渠。山丘地梨园须在梨园上方的护坡植物下方设置拦洪沟，使山洪直接入沟泄走，防止冲毁梨园梯田等水土保持工程。在各级梯田内沿设集水沟，汇集台面雨水，并通过排水沟导出园外。

（四）防护林的规划设计

防护林可以防止风害，减少风沙侵袭，保持水土，涵养水源，调节果园的小气候，减轻冻害、霜冻等危害。乔化树种可选用速生杨系列，毛白杨、臭椿、苦楝、泡桐等，小乔木或灌木如花椒、荆条、紫穗槐、枸橘、沙棘等。避免选用与梨树有相同病虫害或寄主的树种，如桧柏和榆树等。防护林可分为主林带和副林带，主林带防主要风害，应与主要风害方向垂直或近于垂直。副林带与主林带垂直，阻挡其他方向的有害风。一般可将主林带距离设300～400米，每带植树3～5行，行距1.5～2米；副林带间相距500～800米，每带植树2～3行，株距1～1.5米。沿海或风大的地区，林带可适当加行加密，带距也应缩小。防护林带与梨树应有一定的距离，以防遮阴；在林带靠梨树一侧，挖深达1米的沟，以防其根系伸入梨园影响梨树生长。此沟也可与排灌沟渠的规划结合。

(五) 建筑物的规划设计

主要建筑物包括办公室、工人宿舍、工具室、肥料库、农药贮藏库、果品贮藏库、果品包装场等，应设置在交通方便和有利于作业的区域；山丘地梨园应遵循最大沉重物由上而下运送的原则，配药池、绿肥基地等应设在较高的部位，包装场、果品贮藏库等则应设在较低的位置。本着经济利用土地的原则，占地面积不超过果园总面积的5%，还可根据梨园面积的大小等实际情况减少或增加建筑物。

(六) 有机肥与饲料基地的规划设计

开辟稳定的有机肥源对于梨园是非常必要的。可实行果畜结合的生态建园模式，综合经营，建立有机肥与饲料基地。有些地区还进行了"果－草－畜－沼"生态建园模式的探索，梨园行间种草或绿肥作物，再以草或绿肥作物养猪，猪粪与草、绿肥作物等在沼气池中发酵形成沼气，可作为梨园照明、取暖和做饭的能源，腐熟后的沼渣作肥料。这使得梨园成为一个整体协调、循环利用的生态系统，实现了节约成本、以园养园的目的。

(七) 山丘地梨园的水土保持工程

山丘地梨园的水土保持工程主要包括水平梯田、撩壕和鱼鳞坑等。

1. 水平梯田　修建水平梯田是保土、保肥、保水的有效方法，是治理坡地、防止水土流失的根本措施，也是有利于山地果园水利化、机械化的基本建设。

筑梯田壁：梯田壁分为石壁和土壁两种。梯田壁均应稍向内倾，不宜修垂直壁。石壁约与地面呈 75°，土壁应保持 50°～60° 的坡度。不论石壁或土壁，壁顶都要高出台面，筑成梯田埂。

铺梯田面：修梯田时，应以梯田面中轴线为准，在中轴线的里侧取土，填到外侧，一般不需从别处取土。取土只要以中轴线为准，就很容易保持田面水平。梯田面的宽度和梯田壁的高度，多根据坡度大小、土层深厚、栽植距离和便于管理等情况而定。坡度小，则田面宽，梯田壁低，反之，则田面窄，梯田壁高。

挖排水沟：田面平整后，在其内沿挖 1 条排水沟，排水沟要有 0.3%～0.5% 的比降，以便将积水排入总排水沟内。在总排水沟上，应每隔一定距离，修建一贮水池。

修梯田埂：将挖排水沟的土堆到田面外沿，修筑梯田埂。田埂宽 40 厘米左右，高 10～15 厘米。如此便可修成外高里低的水平梯田（图 5-1）。

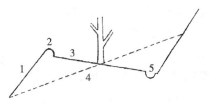

图 5-1　水平梯田剖面图
1. 梯壁　2. 土埂　3. 阶面
4. 原坡面　5. 排水沟

2. 撩壕　在坡面上按等高线挖成等高沟，把挖出的土在沟的外侧堆成土埂，这便是撩壕。在略靠外侧处栽植果树，称撩壕栽植。一般撩壕的规格范围较灵活，自壕顶至沟心宽 1～1.5 米，沟底距原坡面深 25～30 厘米，壕外坡长 1～1.2 米，壕高，即壕顶至原坡面的高度 25～30 厘米（图 5-2）。

撩壕将长坡变为短坡、直流改成横流、急流变成缓流，在修

图 5-2　撩壕剖面图

筑时土方工程不大，对于控制地表径流、防止冲刷确实是一种简单易行的水土保持措施。此外，由于对坡面土壤的层次、肥力破坏不大，果树根系分布比较均匀，在幼树期间，根系临近沟边，土壤水分条件较好，树势旺盛。但撩壕没有平坦的种植面，不便施肥及贯彻其他土壤管理的技术措施，农业技术实施的效果比梯田低。此外，在坡度超过 15°的情况下，撩壕堆土困难，壕外坡的水土流失加快。因此，撩壕是一种临时性的水土保持工程，在劳力不足和薄土层地带可以采用。对于土层深厚的山地，还是以修梯田为好。

3. 鱼鳞坑　适于坡度较陡，坡面又不整齐的地段。做法是：沿等高线挖成半圆形的坑，用心土或石块垒成外埂，埂高 30～40 厘米，坑最好垒成长方形，使长边与等高线平行，长约 1 米，使宽边与等高线垂直，宽 50～60 厘米，坑深 60～80 厘米，坑回填

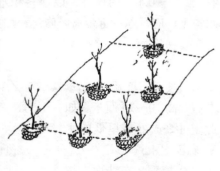

图 5-3　鱼鳞坑示意图

后将坑内的土整成稍向里倾斜的小平面（图 5-3）。

　　总之，在梨园规划设计中，要保持生产用地面积在 90%以上，压缩非生产性用地面积，对自然条件要趋利避害，将园、林、路、渠等协调配合，达到科学规划。对于平地规则梨园的规划设计可参照图 5-4，对于平地不规则梨园的规划设计可参照图 5-5。对

于山丘地梨园可根据各地的实际情况和做法，灵活规划设计。

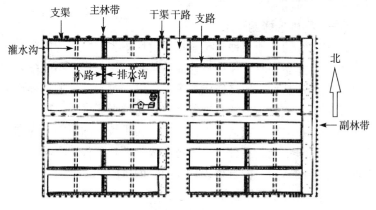

图5-4　平地规则梨园规划平面图

（引自傅玉瑚，梨优质高效配套技术图解）

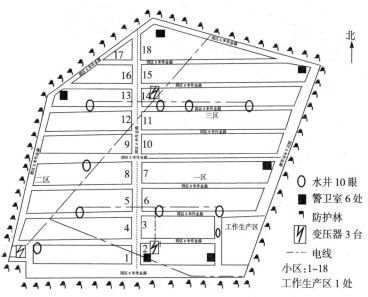

图5-5　平地不规则梨园规划平面图

69

二、品种选择与配置

(一)品种选择的原则

选择适宜的主栽品种是梨园规划设计中非常关键的内容。有些果农在选择品种时,往往只片面注重新、特、优,不能综合评价和认识所选品种,最终造成损失。所以,对于品种的选择应遵循以下原则:适应当地的自然条件,抗逆性强。优质丰产,在国内外市场上销路较好或适于加工。对于面积较大的梨园,应选择适当比例的早中晚熟品种,合理搭配成熟期,不仅可以减轻管理负担和销售的压力,而且可以延长梨果的供应期。

(二)授粉品种的配置

梨树品种大多自花不实或结实率低,建园时必须给主栽品种配置一定量的授粉品种。对于有些花粉萌芽率较低甚至没有花粉的品种(如黄金梨和新高等),要同时配置两个授粉品种,才能保证所有品种都能正常结果。对于面积较大的平地梨园,为了管理和采收方便,建议授粉树也选择经济价值较高的品种,采用行列式配置。主栽品种和授粉品种都成行栽植,既可不等量配置,就是栽3~4行主栽品种后,相邻行栽一行授粉品种,依次类推。也可等量配置,就是栽2行主栽品种后,相邻2行栽授粉品种。

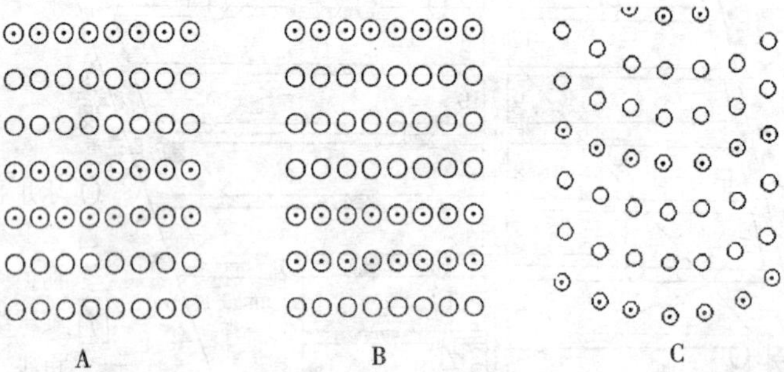

图 5-6　梨园授粉树的配置图

○主栽品种　⊙授粉品种

A. 等行配置　B. 不等行配置　C. 等高行配置

如果是两个授粉品种，可先栽3～4行主栽品种，然后将两个授粉品种各栽一行，再依次类推。对于山丘地梨园，可按等高行列式，与行列式基本相同，只是在山丘地梨园主栽品种与授粉品种按等高线种植（图5-6）。

三、栽植密度和方式

（一）栽植密度

合理密植可以提高土地和光能利用率，有利于梨树的早结果、丰产、优质，并且省工好管。当前，梨树栽培方式逐渐由乔化稀植向矮化密植变革。由于现在我国还没有特别理想的矮化砧木，因此筛选适宜我国的矮化砧木已成为当务之急。确定栽植密度时应综合考虑立地条件、砧木和品种的特性、管理技术水平和机械化程度等因素。生产上梨树的栽植密度详见表5-4。

表5-4 梨树栽植密度表

密植类型	株距（米）	行距（米）	栽植密度（株/亩）	砧木类型	备注
乔化稀植	3～4	4～6	28～44	乔化砧	
中度密植	2～3	3.5～4	55～95	半矮化砧或乔化砧	乔砧密植
高度密植	0.75～1.5	3～3.5	126～296	矮化砧	

（二）栽植方式

应本着经济利用土地和光能，便于操作管理和机械化为原则，结合当地自然和管理水平确定。栽植方式多种多样，有长方形栽植、正方形栽植、三角形栽植、带状栽植、等高栽植、篱壁式栽植等。

对于平地梨园，建议采用长方形或篱壁式栽植，这两种方式都是行距大于株距，通风透光良好，便于机械管理和采收。只不过前者株间稀些，后者株间密些，整行树成树篱状。这与"宁可行里密，不可密了行"的道理是一致的。对于山丘地修筑有梯田和撩壕的梨园，适宜采用等高栽植，沿等高台面栽植，利于水土保持和生产管理。实际上也是长方形栽植在山丘地梨园的应用。

对于南方梨园采用棚架栽培的可选用正方形栽植。这也是日本、韩国最常用的一种栽植方式。株行距相等，有利于梨树枝条上架。其特点是通风透光好，便于管理，有利于提高果实品质。

（三）栽植行向

平地长方形栽植的梨园，南北行向优于东西行向，尤其在密植条件下，南北行向光照良好，光能利用率高，上午东侧光照3小时左右，下午西侧光照3小时左右，光照均匀。东西行向上下午太阳光入射低，顺行穿透力差。中午南面光照过量，易发生日灼，北面光照不足，在行窄树高的情况下，北行树冠下部受南行遮挡，易造成下部光照不良。因此，平地梨园提倡南北行向栽植。

山丘地梨园为了水土保持的需要，只能按等高线安排行向，但因高度差的原因，上行树高下行树低，树冠错落，对光照影响不大。

第三节　栽植与栽后管理

优质的苗木和规范的栽植技术，是提高栽植成活率，实现梨园早结果、早丰产的关键环节，应避免一年建园，多年补栽。标准化梨园应全园整齐度高，株间差异小。

一、栽植前的准备

（一）土壤改良

按规划设计图，平整小区土地；对前作是梨树的土地要彻底清除老梨树根系，必要时用溴甲烷或福尔马林进行封闭消毒。如果园地的土壤状况不理想，可进行土壤改良。土壤酸性较大的，可施入适量石灰并深耕；土壤盐碱较重的，可引淡洗盐或降低地表水位，并结合深耕加大有机肥的施用；沙荒地应培入塘泥、河泥等黏重的肥土，反之，黏重土壤要掺沙；山丘地要清除石块，土层较薄的可客土。

（二）挖定植穴（沟）和肥料的准备

根据栽植时期需在前一年秋季或夏季挖定植穴（沟）。按设计好的株行距挖沟深 60～80 厘米，直径 80 厘米左右。为了提高工作效率，建议用挖坑机。对于株距小于 2 米的，可用挖掘机顺行挖定植沟。挖定准备足量的玉米秸等作物秸秆，以备来年铺在沟底，一般厚度为 20 厘米左右。并按每亩 5 000 千克准备有机肥。

（三）苗木的准备

根据规划设计确定需要苗木的来源、品种、数量及等级等。外购苗木时，必须从信誉较好的育苗单位购买。苗木数量时应酌情富裕些，以备栽前筛选和补栽。高标准梨园最好选用一级苗建园，如有条件可用大苗建园。

大苗建园已在荷兰、美国等许多果树生产先进国家推行，这是一种果树发展的必然趋势。大苗栽植后 1～2 年便会有可观的产量。栽植 1 年生小苗，如遇不良自然条件或早期管理跟不上，不但会造成缺株断行，还会长成"小老树"，以后就更难恢复和管理。栽植大苗建园有以下优点：①成活率高，由于苗木根系较大，栽后易成活。②结果早，集中培育 3～4 年生大苗定植，由于起苗断根，暂时会抑制过旺生长，有利于早成花结果。③幼树整齐度高，栽植时严格按大、中、小苗分别栽植，一次成园，果园整齐。④经济利用土地，集中育大苗，可以节省栽小苗后前几年的土地浪费，而且可在育大苗期间平整土地，修筑梯田，挖定植沟和穴，并可照常种植几年农作物，培肥地力，一举两得。因此，梨高标准新建园提倡栽植 3～4 年生大苗。

二、苗木栽植

(一) 栽植时期

栽植时期应根据当地的气候特点而定。北方地区由于冬季严寒、干旱和风大，秋栽苗木易冻死或抽条，宜春栽。栽植时间一般在3月下旬至4月中旬进行。秋冬气候温暖，土壤湿润的南方地区，秋栽或春栽均可。但秋栽苗木伤口愈合快，当年还能长出部分新根，成活率高，翌年春季开始生长早，缓苗时间短，长势旺。

(二) 苗木的处理

栽植前应核对品种，剔除劣质苗木。在栽植前一天，取出苗木，剪去伤枝和剪平伤根毛茬后，用清水或1‰～2‰过磷酸钙溶液浸泡根系12～24小时，使之充分吸水。栽植前，用生根粉、萘乙酸等溶液浸蘸根系更好，更利于伤口愈合和发生新根。

(三) 回填定植穴 (沟)

栽苗前7～10天结合施底肥回填定植穴 (沟)。先在穴 (沟)底填入20厘米厚的作物秸秆，然后填入底肥混合土，填至距地面20厘米处，再灌透水沉实土壤。底肥以有机肥为主，一般每穴施入有机肥50千克，再混入磷酸二铵0.5千克或加饼肥2～3千克。

(四) 栽植方法

栽植前将沉实的定植穴 (沟) 底部堆成馒头状并踏实，将梨苗放于馒头状土堆上，同时舒展根系，扶正标齐，随后填土，轻轻提苗并踏实，使根系与土壤密接。修好树盘后灌小水。栽植深度以苗木在苗圃时的深度为宜。待水渗后覆盖地膜，这样不仅可以保持土壤湿度，减少灌水次数，还能提高地温，利于苗木生根。这是提高栽植成活率的关键技术之一。也可选用黑色地膜还兼有抑制杂草的作用。

对于平原较肥沃的园地，可采用"浅栽树"方式，即不挖定植穴（沟），只需按株行距用铁锹挖一小穴即可，一般只需2～3铁锹，然后将苗木放入，填土埋好，轻轻提苗并踏实，灌一次透水，待水渗后覆盖地膜。

三、栽后管理

（一）定干

栽后可根据整形要求及苗木质量进行定干，一般定干高度为80～100厘米，剪口下的芽一定要饱满。将来采用纺锤形或圆柱形树形的树，要高定干或不定干（如顶芽质量好）。

（二）刻芽

为了促发分枝，对中心干距地面40厘米以上和距顶端30厘米以下的区段上的芽进行刻伤处理。在芽的上方涂抹发枝素或抽枝宝也有同样的作用。对于质量不好的苗，如刻伤太多，易造成梨苗失水萎蔫，严重者甚至死亡，用后者的方法比较保险。

（三）主干套袋

在定干和刻芽后套上塑料袋，如刻芽太多最好进行主干套袋。主干套袋可减少苗木蒸发失水，提高成活率；还可促进芽提早萌发（提高袋内温度），促进光合产物的提早积累，使苗木生长健壮。萌芽后还可防止金龟子啃食嫩芽。袋宽一般5厘米左右，将整个苗干套住，两端用绳扎紧。萌芽后要将袋中间撕破或一端打开，3～5天后将袋除去。注意一定要适时去袋，除袋时间最好选在阴雨天或晴天傍晚，否则都易发生嫩芽日灼。

（四）肥水管理

当苗木新梢长到15～20厘米时，要追施一遍速效氮肥，一般株施尿素0.1千克，20～30天后再追施尿素或磷酸二铵0.1千克。生长前期以叶面喷施0.2%～0.3%尿素为主，后期（9～10月）以喷施0.3%～0.5%磷酸二氢钾为主。全年叶面喷肥4～5次。

5～6月干旱少雨的地区，根据墒情灌水1～2次。灌水可结合追肥进行。

（五）缺苗补栽

萌发后进行全园检查，对确已死亡的，在阴雨天用预备苗带土移苗法补栽。预备苗也选与定植相同的苗木，栽在果树行间或株间或栽在用编织袋制成的营养钵里，专作移栽补苗之用。

（六）防治病虫害

此期主要是预防虫害。萌芽前后要严防金龟子和大灰象甲等啃食嫩芽。生长期要注意刺蛾、天幕毛虫、舟形毛虫、蚜虫、梨茎蜂、红蜘蛛、梨木虱及其他病虫害的发生和防治。

（七）树上管理

梨苗成活后，要及时抹除基部萌蘖和苗干距地面 40 厘米以下的分枝。选留顶端直立旺枝作中心干主枝延长枝，对其以下的分枝控制其长势。当新梢长到 20 厘米左右时，进行拿枝软化开张角度，或先将基部软化后，再用牙签（两头都是尖的）两端分别插在中心干和枝梢上将枝梢顶开，保持开张状态。秋季继续进行拉枝、拿枝工作，使其角度维护在 $80°\sim90°$。

（八）防寒

一般幼树当年枝条充实度较差，越冬能力低。在北方易发生抽条、冻害和枝干日灼的地区，应加强综合管理。幼树生长要"前促后控"，7 月下旬以后要多施磷、钾肥少施氮肥，同时控制灌水和及时排水；加强病虫害防治，确保叶片完好，防止浮尘子产卵为害；土壤结冻前应灌一次冻水，提高土壤湿度；在冬季温度特别低的特殊年份，可进行枝干涂白或埋土堆保护幼苗；易发生抽条的地区可树体涂抹抑蒸保护剂减少失水，在树盘内覆盖地膜提高地温促进根系吸水。常用的抑蒸保护剂有 150 倍羧甲基纤维素、3% 聚乙烯醇等。

第六章

梨园土肥水管理技术

　　土壤是梨树生长发育的基础，良好的土肥水管理是保障梨树早果、丰产、稳产、优质的前提。与发达国家相比，我国梨产业在土肥水管理方面存在巨大差距。我国多数梨产区只重视整形修剪、花果管理等地上管理，而忽视梨园的土肥水管理，常年清耕管理，重视施用化肥而不愿意费事施用有机肥，使原本并不肥沃的土壤更加贫瘠，土质结构不良，有机质含量低，土壤供肥能力较差。我国绝大多数梨园土壤有机质含量低于1％，而国外发达国家土壤有机质含量在2％～5％，这是造成我国梨果单产较低、品质较差的主要原因。在施肥方面，生产上普遍采用经验施肥，并且只重视氮、磷、钾肥的施用，不重视微量元素的使用，使得缺素症在我国梨园普遍发生。在灌溉方面，一方面是灌溉水源的不足，而另一方面是灌溉方法落后又耗费了大量的水资源，这种落后的灌水制度也急需解决。

　　因此，建立梨园优化土肥水管理模式，采用适宜的土壤管理制度以及先进的配方施肥方法，采用节水途径，改变落后的灌溉方式，是我国梨产业当前急需解决的问题。

第一节　梨园土壤改良和土壤管理

　　土壤是梨树正常生长发育的物质基础，良好的土壤条件可以满足梨树对水、肥、气、热的要求。土层深厚，酸碱度适宜，保肥、保水能力强，有机质丰富，排水良好，是栽植梨树的理想土壤。实际生产中，多数梨树园不能完全满足上述要求。因此，必要时必须进行土壤的改良。

一、梨园土壤改良

我国的梨树广泛栽植于山地、丘陵、沙砾滩地、平原、海涂及内陆盐碱地。这些梨园中相当一部分土层瘠薄，结构不良，有机质含量低，偏酸或偏碱，非常不利于梨树的生长与结果。尽管梨树的适应性较强，但也需要土层深厚、肥沃、保水保肥力强的土壤。因此，必须改良土壤的理化性状，改善和协调土壤的水、肥、气、热条件，从而提高土壤肥力。

（一）土壤改良的方法

1. 土壤深翻　土壤深翻一般多用于山地、丘陵地以及土层较薄、结构不良的梨园。多数梨园在建园时虽然对栽植穴土壤进行了深翻改良，但改良的范围比较小，因此有必要对梨园其他区域进行深翻。

（1）深翻的作用　深翻可以改善土壤结构和理化性质，提高土壤的孔隙度，增加土壤湿度，增高土壤温度，促进土壤微生物活动，提高土壤肥力，促使根系向纵深发展，减少土壤表层浮根，改变根系分布状况，提高抗旱能力。

（2）深翻时期　梨园土壤深翻，以秋季果实采收后结合秋施基肥一并进行最好。此时地上部生长基本停止，地下根系仍处在旺盛生长期，损伤根系容易愈合，对树体削弱作用较小。春季深翻会加重旱情，影响萌芽、开花、坐果和新梢生长，无灌溉条件的梨园不宜进行。夏季深翻对树体削弱作用较大，一般不适合进行，但对于生长过旺、成花困难的梨树，采取夏季深翻，能够抑制生长，促进花芽形成。

（3）深翻深度　应根据梨园下层土壤状况等灵活确定。一般深度为 60～100 厘米。如果下层土壤坚实、黏重或砾石较多，则必须深翻 80～100 厘米，以改良深层土壤。如土壤过于黏重，应排入沙土。如有间隔层，应破碎间隔层。

（4）深翻的方式　根据梨园具体的条件进行深翻，一般采用扩穴深翻，即以原定植穴为中心，每年扩大定植穴，直到与相邻的定植穴连接为止。也可进行隔行（隔株）深翻，一般成年梨园进行行间深翻时，先在树一边耕翻，翌年在树行的另一边耕翻。也可全园深翻，适合幼龄梨园。为了提高效率，减少用工，可用深翻犁进行梨园深翻。

2. 炮震松土　在石质山区难以人工深翻，可采用炮震松土。炮震扩穴时期以晚秋和早春为宜。一般在梨树树冠两侧垂直投影处打两个炮眼，炮眼深度 1 米左右，装硝酸铵炸药 0.4～0.5 千克，由专人用雷管引爆，每炮松土范围 1 米左右。炮震松土可使土壤疏松，加厚土壤活土层，提高土壤保水吸水能力和透气性，改善根系生长环境。

3. 客土和改土　我国一些梨园土壤结构不良的问题比较突出。土质沙性过大或过于黏重的土壤都不利于梨树生长发育，均应进行改良。沙土地可以用土压沙或起沙换土，改善土壤的理化性质，提高土壤肥力。具体做法是：在树冠外围垂直向下挖深60～80 厘米、宽 40～50 厘米，将沙取出，填实好土，及时浇水。随着树冠扩大，逐渐向外扩展，一般 2～3 年换一次土。在风沙流失严重的梨园，冬春在树下压盖一层好土，每次厚度约10 厘米。以后结合施肥、翻刨，把黏土混入沙中。同样，黏土地可掺沙或炉灰，提高土壤通透性。山地梨园附近有云母片麻岩风化的黑酥石，可于冬季运入梨园压在地表，每次每亩用量25 000千克。这种酥石富含钾、镁、铁等元素，既增厚了土层，又增加了营养，具有"以土代肥"的作用。

4. 应用土壤结构改良剂　近年来，不少国家开始使用土壤结构改良剂，改善土壤的理化性质，提高土壤肥力。土壤结构改良剂是根据团粒结构形成的原理，利用植物残体、泥炭、褐煤等为原料，从中抽取腐殖酸、纤维素、木质素、多糖羧酸类等物质，这些物质能够将土壤颗粒黏结在一起形成团聚体结构。土壤结构改良剂分有机、无机和无机－有机3种。有机土壤改良剂是从泥炭、褐煤及垃圾中提取的高分子化合物；无机土壤改良剂有硅酸钠及沸石等；无机－有机土壤改良剂有二氧化硅有机化合物等。应用土壤结构改良剂可改良土壤理化性质及生物学活性，促进土壤团粒结构的形成，防止土壤板结；固定表土，保护耕层土壤结构，抑制土壤流失；调节土壤酸碱度等。

目前生产上应用较多的是聚丙烯酰胺，为人工合成的高分子化合物，溶于80℃以上热水，先把干粉制成2％母液，即1亩用8千克配成400千克母液，再稀释至3 000千克水泼浇至5厘米深的土层，由于其离子键、氢键的吸引，使土壤形成团粒结构，优化土壤水、肥、气、热条件，其效果可达3年以上。

5. 增施有机肥料或种植绿肥作物 增施有机肥料可有效地进行土壤改良，具体参见本章第二节梨树营养与科学施肥。在梨树行间或闲散地种植绿肥作物，既能改良土壤和培肥地力，又能经济利用土地，同时也可解决其他有机肥源的不足问题。梨园绿肥施用方法：①当绿肥作物达到盛花期或初荚期，可直接翻入土中，这种方法适合于行间较宽的梨园。②将行间绿肥作物割倒后，放入树盘或行间进行覆盖，3～5年后耕翻一次，再重新播种。③绿肥作物达到盛花期收割后，沿树冠投影处开40～50厘米深的沟，把绿肥和杂草一层绿肥一层土埋入沟内。④将收割的绿肥作物收集起来集中堆沤，处理方法同秸秆沤制，然后再以基肥或追肥的形式施入土壤。

（二）梨园主要土壤类型的改良

1. 山地土壤改良 山地土壤的特点一般是地势不平，土层薄，沙石多，水土流失较重。因此，山地土壤改良的中心工作是结合水土保持工程搞好深翻熟化。土壤深翻最好能达到60～100厘米，至少在树穴周围要深翻60厘米深、60厘米宽，使土壤疏松、无石块。深翻时，应将表土翻入地下40～60厘米的位置，如能结合施入一定数量的有机肥，则效果更好。

2. 沙地土壤改良　沙地土壤结构不良，保水保肥力差，风大的地区还易随风移动，所以沙地土壤改良的首要任务是防风固沙，其次是改良土壤结构。防风固沙最根本的方法是营造防风林，在林带未成林之前，也可种植绿肥作物覆盖地面，以防风蚀。沙地改良应注意培肥土壤，增加土壤保肥保水能力。主要措施有增施有机肥、种植绿肥作物、深翻改土、掺土等。施入有机肥后，有机肥大颗粒可分解成许多腐殖质胶体，把细小的土粒黏结在一起形成团粒结构，使沙性土壤变成有结构良好的土壤。对于河流冲积沙地下面有黏土的果园，可结合秋施基肥进行深翻改土，深翻浓度在80～100厘米，使下层黏土与上层沙土混合，达到改良沙地的目的。

掺土加有机肥可以改良沙地。可在栽树前，用黏土1份、沙土2～3份，并掺入一定数量圈粪，充分混合后填入栽植穴。以后每年扩穴、掺土、施有机肥，效果明显。有条件的地方，雨季引洪淤地，也是改沙的好办法。

3. 盐碱地土壤改良　盐碱土壤一般含盐量和 pH 较高，矿质元素含量比较丰富，但较难被树体吸收利用，是影响梨树生长发育的主要因素。梨树生长最适土壤 pH 为 6.0～7.5，过高会使土壤中某些元素变为不可利用状态，还会影响土壤微生物的活动，抑制树体对元素的吸收，导致缺素症，影响树体的生长发育。在含盐量低于 0.25％的土壤中梨树生长发育正常，达到或超过 0.3％时，根系生长受到抑制或死亡。盐碱较重的梨园，应及时进行土壤改良。

盐碱地土壤改良的目标是排除盐碱。植树造林、种植覆盖作物、压沙换土、增施有机肥、雨后中耕、秋季深翻等均能减轻盐碱化。但收效快而简便的方法还是挖排水沟，修台田，抬高田面降低地下水位。

4. 黏土土壤改良　黏土土壤由于土粒较细，土壤空隙度较少，通透性较差，水分过多时土粒吸水易导致空气缺乏；干旱时水分容易蒸发散失，土块紧实坚硬，不利于梨树的生长发育。生长在黏性土壤上的梨树，可溶性固形物含量较低，果实成熟较晚，果皮较厚，色泽较差，果肉味酸，果核较大。土壤改良应增施有机肥或掺沙、压沙，增加土壤的通透性，提高土壤肥水供应能力。

二、梨果土壤管理制度

根据梨树不同年龄阶段的生长发育特点，梨园的土壤管理可分为幼龄梨园土壤管理和成龄梨园土壤管理。

（一）幼龄梨园土壤管理

1. 树盘管理　树盘即树冠垂直投影范围，是梨树根系分布最为集中的部分，对其必须加以管理。具体做法是：每年在春夏季进行浅耕，深度一般为5～10厘米，这样可以蓄水灭草。每年秋季对树盘浅翻，并结合施入有机肥。山丘地梨园，可单株或相邻几株修筑1个树盘，以利于雨季积蓄雨水。

另外，树盘覆盖和树盘培土也是幼龄梨园土壤管理的好方法，既可以保墒防冻，稳定土壤温度，也可避免积水和保持水土，厚度一般为5～10厘米。

2. 梨园间作　幼龄梨园行间空地较多，为了提高土地利用率，增加前期经济效益，可合理间作。间作物应有利于土壤改良，消耗的养分和水分比较少，且不与梨树争夺肥水；生育期短，植株矮小，收获期早；与梨树没有共同性病虫害；产量较高，并有一定的经济价值，能增加收益。适于梨园间作的作物主要是一年生豆科作物，如黄豆、绿豆、豌豆等；药用植物，如白术、芍药、麦冬、百合等；其他作物，如大葱、大蒜、马铃薯、辣椒、油菜等。不宜间种高秆作物，如高粱、玉米、向日葵等。花生、甘薯、南瓜等作物对梨树有不良影响，最好不要间种。还有，间作时应注意间作作物与梨树的距离，一般情况下不应少于

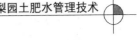

1米。如果距离太近，会增加地面的湿度，出现梨果果面水锈加重的现象。

需要指出的是，国外幼龄梨园土壤管理多不这样，而是采用行间生草，株间或树盘清耕或使用除草剂形成简单管理制度。在我国现行的社会经济体制下，梨园规模小，大多分散经营，梨农对梨园前期的投资能力差。所以，为获得早期经济效益或经济补偿，大多在幼龄梨园采用间作。

（二）成年梨园土壤管理

1. 清耕法　清耕法即通过生长季多次耕作，使土壤保持疏松和无杂草状态。一般在秋季对梨园行间土壤进行深耕，春夏季进行多次中耕，松土和除草的次数与时间是不固定的，往往根据杂草生长和降水情况而定。为了提高工作效率，应采用机械深耕、旋耕。

清耕法可以防止土壤板结，增强土壤透气性，加速土壤养分的矿质化过程，有利于微生物活动，加速有机质分解，短期内可显著地增加土壤有效态养分含量。耕锄松土，能起到除草、保肥、保水的作用。但长期清耕，土壤有机质迅速减少，还会破坏土壤原有的结构。山丘地梨园实施清耕会加重水土流失，地表风蚀现象严重。

清耕法是一种传统的土壤管理模式，曾被国内外梨农广泛应用。然而，随着栽培理念的不断提高，一些发达国家率先摒弃了这种相对落后的土壤管理模式，转而采用以梨园生草为主流的先进土壤管理模式。然而，我国广大梨农由于受传统精耕细作管理的影响，加之生产规模小，生产基础条件较差等因素的制约，至今在我国多数梨园的土壤管理仍以清耕法应用最广泛。这是制约我国梨树发展的关键问题，同时也是梨产业中急需解决的问题之一。

2. 生草法　生草法是指在梨园行间种植禾本科、豆科等草本植物，不翻耕，定期刈割，割下的草就地腐烂或覆盖于树盘内

的土壤管理方法。果园生草源于欧美诸国，第二次世界大战后由于劳力的紧缺、有机肥源的减少、果园机械化管理的发展以及安全食品生产的需求，果园土壤耕作管理上已逐渐放弃了清耕法、免耕法等，普及推广了生草法。劳动力紧缺、土壤有机质低等问题，我国的梨园也已面临，而且非常迫切。所以我们也必须和必然要搞梨园生草法。

由于生草法为梨园土壤建立了一种良好的营养循环模式，使土壤结构不断得到改善，有机质含量可持续增加，因而成为发达国家大面积商品梨园广泛采用的土壤管理方法。近年来，我国河北等地也开始推行梨园生草模式，并取得了良好的效果。

（1）梨园生草的优缺点　梨园生草可保持和改良土壤理化性状，增加土壤有机质和有效养分的含量；防止水土流失，有利于保肥、保水；促进梨果成熟和枝条充实，改善梨园小气候，减少冬夏地表温度变化幅度；有利于梨园机械化，降低生产成本。

生草栽培尽管有很多优点，但也容易造成草与梨树有养分和水分上的竞争，因此，应适时并及时刈割，并适当加强对草的肥水管理。在北方梨园，一般早春土壤解冻时生草区，表层土壤水分含量比无草裸露地要高，草起到了覆盖的作用；随着物候的进展，草的快速生长，生草区的土壤水分下降，表现草和梨树生长的水分竞争，此时可灌水解决或通过刈割控制草的生长来缓解水的矛盾；到了雨季草恢复生长，但此时草对梨树的生长已没什么不良影响。

（2）适于生草的条件　在面积较大、有机肥源不足、土壤有机质缺乏、水土易流失的梨园，如果当地年降水量达到500毫米以上或有良好的灌溉条件，梨园群体光照条件较好时，就可以采用生草法。郁闭梨园由于行间光照条件较差，难以满足草种生长需要，不适宜种草。缺乏灌溉水源的梨园，难以保证草种的生长，也不适宜种草。

（3）生草方式　可分为自然生草和人工种草。自然生草就是利用梨园内自然生长的草的种类，不对其耕锄，去除个别恶性草即可。但要注意控制草的高度。人工种草就是在梨园内人为种植选定的草，不让其他杂草生长。高标准的梨园提倡人工种草。一般采用行间种草、行内覆盖的方式，即在树冠间种草，树冠下施肥并浅翻，此后将刈割下来的草覆于树盘内。

（4）草种的选择　为了充分达到生草的效果，在草种的选择上应遵循以下原则：①植株低矮或匍匐生，有一定产草量和覆盖效果；②根系以须根为主，无粗大主根或有主根但分布不深；③与果树无共同病虫害，不是果树害虫和病菌的寄生或宿生场所；④繁殖简单，易于管理，耐践踏、不怕机械倾轧；⑤较耐阴且易越冬。

目前公认较好的果园生草种类有两大类：一是禾本科牧草，如蒿羊茅、早熟禾、黑麦草、鼠茅草、燕麦草、野牛草等，这类草须根系，生活力强，一般高 30～50 厘米，土壤水分好（降雨均匀或有灌溉条件）的环境，一年刈割 3～4 次，年鲜草产量每亩 2 500 千克左右。另一类是豆科牧草，如有紫花苜蓿、草木樨、毛叶苕子、白三叶、百脉根、香豆、匍匐羽扇豆、扁茎黄芪等。这类草根系较粗壮，但多有根瘤菌，肥地的效果好，一般高 20～50 厘米，土壤水分好的环境，一年刈割 2～3 次，年鲜草产量 1 500～2 000 千克。

（5）生草技术

①播种时期。自春季到秋季均可播种，但最好在杂草开始迅速生长前或基本停止生长后播种，这样播种的草才能迅速覆盖地面，形成优势。但不同的草种、同一草种不同地区播种时间也有所不同。如在河北省中部，三叶草可在 3 月中旬或 8 月中下旬播种；紫花苜蓿和黑麦草可在 3 月中旬或 8 月下旬播种。

②播种方式和方法。采用行间生草株间覆盖方式，不提倡全园生草。可单播也可混播（如三叶草与黑麦草可按 1∶2 混播）。可撒播也可条播，春播宜采用条播，便于管理。

播种前，应根据梨园行间空间大小，确定适宜的播种宽度。适当施用有机肥，翻耕20～25厘米深，墒情不足时，翻耕前要灌水补墒，然后整平耙细。宜浅播，一般播种深度0.5～1.5厘米，禾本科草类，可适当深些。播种量一般每亩0.5～2.5千克。如播种小粒种子，最好在播前镇压一遍，以防播种过深。对于大粒种子，可根据情况使用播种机进行播种，以提高工作效率。

　　③管理及刈割。春季播种的，如遇到天气干旱，要适时补水。幼苗期应追施少量氮肥，以促进草尽快覆盖地面。应加强杂草防治，可人工除草，但最好根据草种特性及杂草的主要种类，使用选择性除草剂。若用非选择性除草剂（如草甘膦），在杂草不多时，可采用点片方式直接喷布。当草长至30厘米以上时，就可考虑刈割，留茬高度10～20厘米，将鲜草覆盖于行间，即生草与覆盖相结合，达到以草肥地的目的。刈割可用机械割草机或背负式割草机进行。

　　④生草注意事项。生草后，为了减轻杂草与梨树争夺营养和水分的矛盾，应加强对草的追肥和浇水，以小肥换大肥，以无机肥换有机肥。连续生草5～7年后，草逐渐老化，表层土壤也已板结，此时应及时耕翻，待休闲1～2年后，再重新种草。生草梨园要避开天敌繁殖期，结合树体喷药，对地面的草一起防治病虫害。

　　河北农业大学科研基地河北天丰农产品有限公司梨园，结合秋施有机肥连续种植黑麦6年，土壤有机质含量从0.6%提高到2.2%。具体做法：每年9月中下旬在梨树行间，结合秋施有机肥，用播种机播种黑麦，翌年5月中下旬用旋耕犁直接将黑麦翻压土中，以后自然生草，草长到一定高度后旋耕。以便每年都按此循环进行。此法前期生草为主，后期生草与清耕结合，最大特点是机械化操作，节省劳动力，并且能有效地改良土壤和提高土壤有机质含量。这种做法值得在生产中推广。

　　3. 覆盖法　覆盖法是指在树冠下或全园覆以各种农作物秸

秆、杂草、落叶、谷壳、绿肥、木屑、沙砾、淤泥或地膜等的一种土壤管理方法。覆盖法在干旱缺水或雨水比较多的地区比较适宜。梨园覆盖可有效防止水土流失、抑制杂草生长、减少蒸发、防止返碱、积雪保墒、缩小地温昼夜变化幅度与地温季节变化幅度，有利于机械化作业等作用。效果较好的有有机物覆盖和地膜覆盖两种类型。

有机物覆盖可用的覆盖物种类很多，如作物秸秆、杂草、糠壳和绿肥等，可视梨园具体情况选择。覆盖时间宜在土壤解冻后趁墒或灌溉后进行。覆盖前可先追肥，以氮肥为主，然后浇水覆盖。覆盖厚度 20 厘米左右，以后每年覆盖 10 厘米左右。覆盖后在其上点片压土，不要全面压土。有机物覆盖除具有以上共同的优点外，还可增加土壤有机质和有效养分含量，并具有防止磷、钾和镁等被土壤固定，促进土壤团粒结构形成等效果，对梨树的生长发育非常有利。但也存在缺点，如易导致某些病虫害、鼠害以及火灾的发生；连年覆盖易导致梨树根系上返变浅等。

地膜覆盖应用的地膜种类较多，有无色膜、黑色膜、乳白色膜、绿色膜、银色膜等，但以前两种应用较多。覆盖地膜一般在土壤解冻后趁墒或追肥灌水后进行。覆盖范围略大于树冠外缘即可。覆膜要尽量与地面密接，接茬和边缘处用土压实，其他地方点片压土，以防大风刮膜。为了防止杂草生长，可覆盖前喷除草剂如 10％草甘膦 300 倍，或采用黑色地膜（有抑制杂草生长的作用）。一般透明聚乙烯薄膜可提高地温 2～4℃，黑色地膜能提高 0.5～4℃，有利于根系早春的提早生长。地膜覆盖对于保持土壤水分也具有良好效果，可节省灌溉用水 30％以上。地膜覆盖可改良土壤，防止频繁灌溉造成的表土板结和盐类的上升；也有利于增强土壤微生物的活动，促进根系生长发育；还可减少或阻断地下越冬病虫上树的作用。但覆盖地膜并不能为土壤提供有机质，所以应在科学合理施肥的基础上进行地膜覆盖。

4. 免耕法　免耕法是对梨园不进行耕作，只利用除草剂除草，而保持土壤自然结构的一种管理方法。其优点是，保护土壤的自然结构，有利于水分的渗透和吸收，减少土壤水分的蒸发和水土流失，便于机械化作业，节省劳力，降低成本。其缺点是，仅限于具有良好土壤性状或已完成改良的土层深厚、有机质含量高的梨园。根据免耕的范围不同，可分为全园免耕、行间免耕、行间除草行内免耕3种形式。梨园常用除草剂有草甘膦、除草醚、扑草净、镇草宁、西马津、茅草枯、稳杀得等。使用时应注意不要喷到梨树上，有风的天气不可喷施，还应限制使用次数，以免引起污染，造成在土壤中的积累。

三、梨园土壤一般管理

（一）梨园中耕

梨园每年可根据实际情况，进行春季和夏季中耕，通过中耕可以疏松表土，提高土壤通透性，又可切断土壤毛细管，减少土壤水分蒸发，保墒和防止盐碱上升。中耕的同时还可除去杂草，因此，生产上常除草结合中耕进行。改良土壤的结构和理化性质，如改善通气条件，熟化土壤，增强保水保肥能力。这对根系生长和矿物质营养的吸收都具有良好的作用。中耕的方法，可以采用土壤旋耕机耕翻。中耕深度5～10厘米为宜。

（二）除草

梨园除草是常规土壤管理中费时、费力的一项工作。除草的目的在于清除杂草，以减少水分、养分消耗，保持梨园清洁。除草次数根据杂草多少和生长势而定。在杂草萌发初期进行除草效果较好，能消灭大量杂草，杂草幼嫩，除草容易，可减少除草用工。

目前，除草方式主要有人工除草、机械除草和化学除草3种。

1. 人工或机械除草　重点在杂草出苗期和结籽前除治，一般每年进行3～4次。根据河北省赵县梨区的经验，中耕除草全

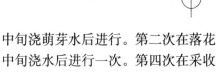

年进行 4 次：第一次在 3 月中旬浇萌芽水后进行。第二次在落花浇水后进行。第三次在 5 月中旬浇水后进行一次。第四次在采收前 20 天进行。除掉的草可覆盖于树盘，以增加土壤肥力。面积较大的梨园可用旋耕犁进行中耕除草，效果好，速度快。山丘地和面积较小的梨园可用割灌机进行除草。

2. 化学除草 在清耕制梨园每年使用人工、畜力或机械除草，要进行 4～6 次，每公顷梨园需要花 30～45 个工日，用工多，劳动强度大，成本高。除草如应用除草剂，实行化学除草，不仅大大减轻劳动强度，而且速度快、省工、效果持久等。进入 6 月，梨园内的杂草日渐茂盛，中耕除草工作繁重，特别进入雨季后，由于降雨多，梨园泥泞，无论是旋耕机还是人工除草均难以进行，所以采用化学方法是理想的选择。

（1）选择适宜除草剂类型 许多除草剂都有选择性，选用不当会直接影响灭草效果，各地应针对梨园主要杂草种类选用。

①根据除草剂作用方式可分为选择性和灭生性除草剂两类。选择性除草剂只能杀死特定类型的杂草。如稳杀得对禾本科杂草效果良好，而对双子叶杂草无效。生产上常用的有盖草能、氟乐灵、扑草净、西玛津、稳杀得等。灭生性除草剂对所有植物都有毒性，只要接触绿色部分，都会受害或被杀死，如草甘膦、百草枯等。

②根据除草剂作用途径可分为触杀型、内吸型和土壤残效型。触杀型除草剂只能杀死接触到药剂的杂草茎叶，而不能在植物体内移动，对多年生杂草喷药后不能彻底根除。主要用于防除 1 年生杂草，如百草枯、除草醚等。内吸型除草剂被植物吸收后，能在体内传导遍及全株，如在叶子上喷药，能影响根系，可用来杀除多年生杂草，如草甘膦、茅草枯等。土壤残效型除草剂主要通过根系吸收作用于植物，并在较长时间内保持药效，如西马津、敌草隆、阿特拉津等。

（2）除草剂的使用方法 除草剂不同，其使用方法及防除杂草的种类也有所不同，使用时要充分了解除草剂的性能，根据梨园杂草种类、大小、土壤湿度等综合考虑，确定除草方案。

①掌握适当施用次数。根据梨园杂草发生期的早晚，大致可分为春草（6月底以前）和热草（7月初以后）两大类，所以，喷布次数一般为1～2次。若春草和热草均危害严重，可于5月中下旬和7月中下旬各喷一次。由于北方多数梨园春季干旱，杂草危害较轻，也可在雨季到来前采用人工除草，7月再采用化学除草。

②确定好施用时期。不同类型的除草剂有不同的施药时间。通过植物枝叶输导或触杀而导致枯死灭生的除草剂，最好在杂草幼叶大面积形成，但尚未老化时喷洒。茎叶处理时，气温越高杀草效果越好。例如草甘膦是传导型灭生性茎叶处理剂，土壤处理无效。所以，只有在杂草具有较多叶片、能够附着足够药量时施药才能取得满意的效果。一般以杂草株高15厘米左右时用药效果最佳。

③合理使用添加剂。适当加入助剂，可提高杂草对药液的吸收率，因而可大大增强灭草效果。常用的添加剂有硫酸铵（增效剂）1.5千克/亩，洗衣粉（展着剂）0.15千克/亩或柴油（浸透剂）0.2千克/亩。

④严把施用技术关。配药时不要与碱性农药、化肥混配。喷杂草时一定要做到均匀周到，喷布时间以杂草上无露水为宜。喷前注意天气预报，喷后12小时不能遇雨，否则需重新喷药。所有除草剂对梨树均有不良影响。因此，喷药要求做到以下三点：一是有大风的天气不能喷；二是尽量不使用机动式喷雾器，而改用背负式喷雾器；三是喷雾器喷头处安装一个塑料罩，以确保做到定向喷雾。喷洒除草剂的器械要专用，最好不再用于梨树喷药，以免不慎产生药害。注意交替用药，多次喷施同一药剂会降低除草效果，一种药剂一般不能连续使用3年以上。

另外，应注意安全用药。多数药剂对人体有伤害作用，应尽量避免触及皮肤和眼睛，一旦接触会引起刺激，出现过敏症状，应立即用清水冲洗干净或及时送医院治疗。

第二节 梨树营养与科学施肥

营养是梨树生长与结果的物质基础。施肥就是供给梨树树生长发育所必需的营养元素，并不断改善土壤的理化性质，给梨树生长发育创造良好的条件。

梨树在其生长发育过程中所必需的营养元素有 16 种、碳、氢、氧、氮、磷、钾、钙、镁和硫，这 9 种元素梨树需要量大，称之为大量元素，铁、硼、锰、铜、锌、钼和氯，这 7 种梨树需求量小，称之为微量元素。

科学施肥是保证梨树早果、优质、丰产的重要措施。因此，在促进梨树生长、花芽分化及果实发育时，应首先供给其主要组成物质即水分和糖类，同时应重视供应土壤中大量元素，其次还需注意供给土壤中的微量元素。

一、梨树营养的特点

梨树一般结果量较大，需要的养分相对较多，所以需要不断地通过施肥来补充树体生长发育阶段所需的营养要素，并调节营养要素间的平衡。但是，梨树在一生中和一年中对营养的需求会随生长发育阶段或物候期而存在差异，因此，需要根据梨树的营养特点，进行科学施肥。梨树的营养有以下特点：

（一）梨树枝叶量大，营养生长旺盛，对土肥水要求较高

梨树要实现丰产、稳产、优质，其土壤有机质含量应达到 2%～3%，而目前我国大部分梨园土壤有机质含量都在 1%以下，所以，应提高梨园有机质含量。

（二）梨树在所需营养元素中，对氮、磷和钾的需求量最多

目前，梨树生产上偏重施用氮素肥料，磷、钾肥料施用量不

足。除大量元素外，还需要施用少量的微量元素，否则会引起营养失调，引起树体和果实的生理病害。

(三) 梨树是多年生作物且长期固定一处

梨树的根、茎、叶中贮藏大量的营养物质，这些贮藏物质对翌年的萌芽、开花、坐果起着重要作用。它与当年合成的营养共同维持着周年养分供应。因此，施肥时除要考虑年周期中梨树需肥高峰外，还应注意肥料的周年供应，增加树体的营养贮藏。

梨树的生长往往长期固定在一处，生长结果多年后，会造成土壤中需要的营养越来越少，而不需要的或需求量少的相对越来越多，甚至根系分泌物积累到一定水平后还会出现抑制生长的现象。因此，要通过合理施肥调节营养元素的稳定平衡。此外，每年施肥，有一部分会在土壤中残留，使部分元素相对增多，改变了原来的元素平衡关系，施肥应考虑在这一基础上，调节各元素的施用，形成营养元素新的动态平衡。

(四) 梨树不同年龄时期，生长结果状态不同，对肥料的需求也有差别

梨树在幼树阶段以营养生长为主，主要是树冠和根系扩大，氮肥需求量最多，还需要适当补充钾肥和磷肥，以促进枝条成熟和安全越冬。结果期树从营养生长为主转入以生殖生长为主，氮肥不仅是不可缺少的营养元素，并且还会随着结果量的上升而增加；钾肥对果实发育具有明显的作用，因此，钾肥的施用量也随着结果量的上升而增加；磷与果实品质关系密切，为提高果实品质，还应注意增加磷肥的施用。

(五) 梨树在年周期中对肥料的吸收利用有一定的规律

春季为梨树器官的生长与建造时期，根、枝、叶、花的生长随气温上升而加速，授粉受精、坐果都要求具有充足的氮素供应，树体吸收氮的第一个高峰在5月。5~6月是幼果膨大期，大部分叶片停止生长，新梢生长逐渐停止，光合作用旺盛，糖类开始积累。此期对氮的需求量显著下降，但应维持平稳的氮素供

应。氮素过多易使新梢旺长，生长期延长，花芽分化减少；过少易使叶片早衰，树势下降，果实生长缓慢。8月中旬以后停止用氮，对果实大小无明显影响，如继续大量供氮，会导致果实风味下降。所以，为使果实保持良好的风味，在采收前1.5～2个月内避免偏施氮肥。一年中，磷元素的最大吸收期在5～6月，7月以后降低，养分吸收与新生器官生长密切相关。新梢生长、幼果发育和根系生长高峰正是磷的吸收高峰期。钾的第一个吸收高峰期在5月，7月中旬为钾的第二个吸收高峰期，吸收量大大高于氮，此时正处于梨果迅速膨大期，钾到后期需要量仍较高，所以后期钾肥供应不足，果实不能充分发育，风味也寡淡。

（六）梨树的营养需求分有机营养和矿质营养两大类

在梨树的年周期中有两个营养阶段和两个营养转换期，这就要求在施肥时要做到有机肥与无机肥、速效肥与缓效肥相结合，氮、磷、钾与其他元素相结合，基肥与追肥结合，从而满足梨树对各类营养元素的需求，实现营养的周年供给。

二、肥料的种类

目前，梨园施用的肥料分为有机肥和无机肥两种，具体可细分为有机肥料、化学肥料、微生物肥料和叶面肥等。

（一）有机肥料

有机肥料所含营养元素比较全面，除含有主要元素外，还含有微量元素和许多生理活性物质，包括激素、维生素、氨基酸、葡萄糖、DNA、RNA、各种酶类等，故称为完全肥料。

1. 有机肥料的作用　施用有机肥料不仅能为梨树提供全面营养和某些生理活性物质，还能增加土壤的腐殖质。其有机胶质可改良沙土，增加土壤的孔隙度，改良黏土的结构，提高土壤保水保肥能力，缓冲土壤的酸碱度，从而改善土壤的水、肥、气、热状况。增施有机肥料对各类型的土壤均有较好的改良作用。目前，我国有些梨园平均单产和品质不高，其中梨园缺乏有机肥料是一个主要因素。

2. 有机肥料的种类 生产上常用的有机肥料有厩肥、堆肥、禽粪、鱼肥、饼肥、人粪尿、土杂肥、绿肥以及城市垃圾等，具体的种类及有效成分详见表6-1。

表6-1 常见有机肥料种类及主要养分含量

肥料种类		主要养分含量			
		有机质（%）	氮（%）	磷（%）	钾（%）
人粪尿	人粪	20.0	1.00	0.50	0.37
	人尿	3.0	0.50	0.13	0.19
厩肥	猪厩肥	11.5	0.45	0.19	0.60
	鸡粪	25.5	1.63	1.54	0.85
	牛厩肥	11.0	0.45	0.23	0.50
	羊厩肥	28.0	0.83	0.23	0.63
	马厩肥	19.0	0.58	0.28	0.63
堆肥	青草堆肥	28.2	0.25	0.19	0.45
	麦秸堆肥	81.1	0.18	0.29	0.52
	玉米秸堆肥	80.5	0.12	0.16	0.84
	稻秸堆肥	78.6	0.92	0.29	1.74
饼肥	大豆饼	78.4	7.00	1.32	2.13
	棉籽饼	82.8	2.80	1.45	1.09
	花生饼	85.6	6.40	1.10	1.90
	菜籽饼	83.0	4.60	2.50	1.40
绿肥	苜蓿	—	0.56	0.18	0.31
	毛叶苕子	—	0.56	0.13	0.43
	草木樨	—	0.52	0.40	0.19
	田菁	—	0.52	0.70	0.17

3. 有机肥料的沤制 有机肥料可根据情况自己沤制。一般利用夏季高温季节进行有机肥料的腐熟发酵。

（1）秸秆沤制　提倡使用秸秆腐熟剂沤制秸秆，不仅能提高堆肥的温度、速度，加速作物秸秆腐烂，缩短堆肥的周期，而且不受季节的限制，即使在冬天也能沤制。现在已替代传统的简单堆沤，成为沤制优质有机肥料的常用方法。生产上常用的菌剂有301 菌剂、催腐剂、HEM 菌剂、酵素菌等多种类型。具体做法如下：

一般每吨秸秆加 1 千克速腐剂，再加 5 千克尿素，以满足微生物发酵所需的氮素。待秸秆吸足水后，压实，把速腐菌均匀撒于上面，然后再撒尿素，最下层堆高 50 厘米，撒上速腐菌和尿素后再加一层，厚度也是 50 厘米，以后每层高度 40 厘米左右即可，最后用泥将堆封严。2～3 天后，堆内温度可达到 60～70℃，然后降至 50℃。一般 25 天后秸秆基本腐烂，成为优质的有机肥料。

（2）动物粪便的沤制　由于动物粪便中含有多种病原菌、害虫卵，必须经过高温发酵后才能施用。发酵时可直接密封堆沤，也可把动物粪便与杂草或作物秸秆按 2：1 的比例混合，再加少量 EM 菌和水充分拌匀后堆成堆，并用塑料薄膜密封沤制，一般经过 20～25 天即可发酵完全。

（3）饼肥的沤制　将各种饼肥粉碎，放入水泥池或大缸中用人粪尿浸泡 3 周左右，高温发酵后即可施用。

（二）化学肥料

化学肥料简称化肥。用化学和（或）物理方法人工制成的含有一种或几种农作物生长需要的营养元素的肥料。化学肥料具有以下特性：养分含量较高，便于运输、贮藏和施用。施用量少，肥效显著。营养成分比较单一，一般仅含一种或几种主要营养元素。单施一种化学肥料常易造成营养不平衡，所以应经常配合其他元素化肥和有机肥料施用。肥效迅速，但后效短，一般 3～5天即可见效。因化学肥料多为水溶性或弱酸溶性，故施用以后很快转入土壤溶液，直接被梨树吸收利用，但正因为这样，它不仅易被梨树利用也易造成流失，故肥效迅速，后效较差。

目前，梨树生产上常用的化学肥料有以下几种：

1. 氮肥 即以氮营养元素为主要成分的化肥，包括碳酸氢铵、尿素、硝酸铵、氨水、氯化铵、硫酸铵等。

2. 磷肥 即以磷营养元素为主要成分的化肥，包括普通过磷酸钙、钙镁磷肥等。

3. 钾肥 即以钾营养元素为主要成分的化肥，目前施用不多，主要品种有氯化钾、硫酸钾、硝酸钾等，梨树上最好不用氯化钾和硝酸钾。

4. 复混肥料 即肥料中含有两种肥料三要素（氮、磷、钾）的二元复混肥料和含有氮、磷、钾三种元素的三元复混肥料。其中混肥在全国各地推广很快。

5. 微量元素肥料和某些中量元素肥料 前者如含有硼、锌、铁、钼、锰、铜等微量元素的肥料，后者如钙、镁、硫等肥料。

6. 稀土肥料 近年来，发现施用稀土元素对果树有一定的增产效果。

（三）微生物肥料

微生物肥料又称生物肥料，是利用微生物的生命活动及代谢产物的作用，改善作物养分供应，向作物提供营养元素、生长物质，达到提高其产量和品质的目的。按其制品中特定的微生物种类，可分为细菌肥料（根瘤菌肥、固氮肥、解磷肥、解钾肥）、放线菌肥（抗生肥料）、真菌类肥料（菌根真菌、霉菌肥料、酵母肥料）、光合细菌肥料等。

微生物肥料是活体肥料，它的作用主要靠它含有的大量有益微生物的生命活动来完成。只有当这些有益微生物处于旺盛的繁殖和新陈代谢的情况下，物质转化和有益代谢产物才能不断形成。因此，微生物肥料中有益微生物的种类、生命活动是否旺盛是其有效性的基础，而不像其他肥料是以氮、磷、钾等主要元素的形式和多少为基础。正因为微生物肥料是活制剂，所以其肥效与活菌数量、强度及周围环境条件密切相关，包括温度、水分、酸碱度、营养条件及生活在土壤中的土著微生物排斥作用都有一定影响，因此在应用时要注意以下几点：

1. 没有获得国家登记证的微生物肥料不能推广　国家规定微生物肥料必须经农业部指定单位检验和正规田间试验，充分证明其效益、无毒、无害后由农业部批准登记，而且先发给临时登记证，经 3 年实际应用检验可靠后再发给正式登记证。正式登记证有效期只有 5 年。所以没有获得国家登记证的微生物肥料，质量有可能出问题，不要大面积推广使用。

2. 有效活菌数达不到标准的微生物肥料不要使用　国家规定微生物肥料菌剂有效活菌数≥2 亿/克，大肥有效活菌数≥2 000 万/克，而且应该有 40% 的富余。如果达不到这一标准，说明质量达不到要求。

3. 存放时间超过有效期的微生物肥料不宜使用　由于技术水平的限制，目前我国绝大多数微生物肥料的有效菌成活时间超过一年的不多，所以必须在有效期内尽快使用，越早越好，过期的微生物肥料效果肯定有影响。

4. 存放条件和使用方法须严格按规定办　微生物肥料中很多有效活菌不耐高低温和强光照射，不耐强酸碱，不能与某些化肥和杀菌剂混合，所以，推广应用微生物肥料必须按产品说明书进行科学保存和使用。

5. 微生物肥料必须与其他肥料配合施用　既能保证增产，又减少肥料的使用量，降低成本，同时还能改善土壤，减少污染。

（四）叶面肥料

叶面肥料是通过作物叶片为作物提供营养物质的肥料的统称。主要包括氮、磷、钾等大量元素及微量元素类、氨基酸类、腐殖酸类等肥料。

目前，限制使用的肥料主要是含氯化肥和含氯复合（混）

肥，未经无害化处理的城市垃圾或含有金属、橡胶、塑料等有害物质的垃圾，硝态氮肥和未经腐熟的人粪尿，国家或省级有关部门明令禁止使用的肥料和未获准登记的肥料产品。

三、梨树施肥的依据

(一) 形态诊断

根据梨树外观形态，判断某些营养元素的丰歉，它要求梨树的生产管理者具有丰富的经验。此法是目前以家庭为生产单位的小梨园经常采用的营养判断的方法。应根据各种营养元素的主要功能，以及营养元素失调时树体、枝、叶、花、果等器官所表现的外部症状，判断树体的营养状况。一般叶片大而多，叶厚而浓绿，枝条粗壮，芽眼饱满，未结果树新梢长度50厘米以上；结果树新梢长度30～40厘米，短枝具6～8片健壮叶片，结果均匀，果个中大，品质优良，丰产、稳产者，是营养正常的表现。否则应查明原因，对于发生缺素症的梨树应根据缺素的形态特征判定缺什么元素 (表6-2)，及时采取矫正措施加以改善。

表6-2　梨树缺素的主要症状表

缺素种类	缺素典型症状
氮 (N)	树体衰弱，矮小，根系不发达，新梢细弱，萌芽、开花不整齐。叶小而薄，色浅，果个小，落花落果严重。严重缺氮时，叶片全部黄化，缩小，基部叶片早落
磷 (P)	植株生长矮小，萌芽和开花期延迟，新梢和细根发育不良。叶片变小，叶缘出现半月形坏死斑块，叶片呈青铜色，甚至紫红色，早期脱落
钾 (K)	树体营养生长不良，叶片小，果实小，产量降低，品质下降。根系和枝条加粗受阻，严重时顶芽不发育，出现枯梢，老叶边缘呈现上卷的枯斑，落叶延迟
钙 (Ca)	新生根短粗，弯曲，根尖易死亡，叶片变小，叶缘有枯斑。严重时枝条枯死，花朵萎缩，抗寒力降低，果实品质和贮藏性变差。常引起苦痘病和水心病发生

（续）

缺素种类	缺素典型症状
镁（Mg）	新梢下部叶片首先失绿，叶脉间及叶缘退绿，出现黄褐色斑点，变褐枯死脱落。受害部逐渐向新梢尖端发展，最后暗绿色叶片丛生在新梢尖端
铁（Fe）	新梢顶部幼叶最先出现病症。叶片小而薄，幼叶叶脉间黄化，重时黄白色，仅叶脉为绿色，呈网孔状，叶边缘呈现棕褐色斑块，后逐渐枯死
硼（B）	根、叶等生长点枯萎，叶片黄化。新叶生长缓慢，叶片厚而脆，变色或有淡黄色斑，畸形以至枯死，枝条下部的叶片先出现焦边。花早期干萎，幼果发生缩果病。果实萼端出现干疤，果面凹陷，果肉木栓化
锌（Zn）	枝条先端叶皱缩，叶脉间黄化。新梢细，节间短，叶密集丛生，小而窄（小叶病）。严重时，从新梢基部向上逐渐落叶，果也变小
锰（Mn）	树冠各部位、各叶龄的叶片均表现从边缘向脉间轻度失绿，叶脉为绿色，叶脉间黄化，但梢顶部新生症状轻或不表现症状
铜（Cu）	叶明显大而枝条柔软，叶尖及周边变黄至枯死

（二）营养诊断

根据土壤和树体营养诊断来确定施肥是当前科学施肥发展的趋势。具体参见本节营养诊断施肥与平衡施肥部分。

四、施肥技术

（一）施肥时期

梨树生产上施肥一般分基肥和追肥两种。

1. 基肥　基肥的主要作用是补充梨园土壤的有机质，同时起到改良土壤通透性、提高土壤肥力的效果。基肥是在较长时期内能供给梨树生长发育所需养分的基础肥料，必须保证每年施用一次。生产上提倡适当早施基肥（9月中下旬到10月上旬），优点是：①有利于树体贮藏养分积累；②有机肥当年即可发挥肥效（一般从施入到开始发挥肥效需20～30天）；③此时正值根系秋季生长高峰，吸收力强，断根易愈合。

基肥应以优质农家肥（畜禽肥、人粪尿、堆沤肥、绿肥、饼肥等）为主，再适当配以少量速效性氮肥，以利土壤微生物活动，加速有机质分解。试验表明，如果把过磷酸钙、骨粉等与有机肥料混合施用，肥料利用率可提高50％以上。

　　2. 追肥　追肥是调节梨树生长与结果的重要手段之一。是在基肥的基础上，根据梨树各物候期需肥特点和树体营养状况及时补充的肥料，追肥可以缓解养分供需矛盾。追肥时间与次数应根据气候、土壤、树龄、树势和结果量等具体情况而定。一般高温多雨或沙质土，肥料容易流失，追肥应少量多次；幼树、旺树追肥次数宜少；结果多、长势弱的树追肥次数应适当增加。为增强树势和提高坐果率，应侧重春季和秋季追肥；为促进花芽形成，应重视花芽分化前追肥；为促进枝条生长，迅速扩大树冠，应着重在新梢生长前和旺盛生长期追肥。早、中熟品种以前期追肥为主；晚熟品种则以中后期追肥为主。追肥的次数和数量要结合基肥用量、树势、花量、果实负载情况综合考虑，如基肥充足，树势强壮，追肥次数和用量均可相应减少。

　　一般梨园每年土壤追肥主要有以下3个时期，每个时期目的及追肥量有所不同。

　　（1）萌芽前后追肥　一般在3月下旬至4月上旬，这次追肥能促进萌芽和开花，提高坐果率，有利于新梢生长。肥料种类以速效性氮肥为主，占全年用量的30％左右。

　　（2）花芽分化期追肥（疏果结束至套袋完成）　在5月中旬至6月中旬，早熟品种应稍早，晚熟品种可略晚，氮、磷、钾配合，施氮量占全年用量的40％左右，施钾量占50％～60％，磷用全年用量（如果基肥未施用磷肥）。

　　（3）果实膨大期追肥　一般在7月末施用氮、钾肥配合。为了提高果实风味，采收前1.5～2个月内避免偏施氮肥。

（二）施肥方法

　　1. 土壤施肥　根据开沟形状和肥料施用方式不同，分为下列几种方法：

（1）**全园撒施** 将肥料均匀撒于果园地面上然后翻入土中，深度约 20 厘米。此法适用于根系已布满全园的成年梨园或密植梨园，全园撒施可使各部分根系都得到养分供应。全园撒施可结合果园机械耕翻进行，劳动效率高。

（2）**树盘撒施** 将肥料撒于树盘中，结合刨树盘，将肥料翻入土中。此法适于幼龄梨园的追肥。

（3）**环状沟施** 于树冠下沿树冠垂直投影外缘，向外挖一宽 30～50 厘米，深达根系集中分布层（40 厘米左右）的环状沟。将肥料撒入沟内或肥料与土混合撒入沟内，然后覆土。此法挖沟易切断水平根，且施肥范围较小，一般多用于幼树。基肥、追肥均可采用，若结合改良，沟的宽度及深度可适当加大。

（4）**放射沟施** 于树冠下距主干 1 米左右，以主干为中心，根据树冠大小，向外呈放射状挖 4～8 条施肥沟。沟宽 20～40 厘米，内窄外宽。沟深内浅外深，可深 15～60 厘米；将拌匀的肥料施入沟内后覆土。此法适用于成年果园施肥。注意不要伤及大根。此法是一种比较好的施肥方法，可以有效地改善树冠投影内膛根系的营养状况。但在密植园或矮干栽培的情况下操作不便。

（5）**条沟施肥** 在梨树行间开沟，沟的位置在树冠投影边缘，沟宽 50～100 厘米，深 30～60 厘米，将肥料放于沟内，然后覆土。若树冠已交接，可采用隔行开沟，翌年轮换，以免一次伤根太多。此法适用于成龄梨园施基肥，尤其适于密植梨园。此法可机械开沟，劳动效率较高。

（6）**穴施法** 于树冠下挖若干个孔穴，穴深 20～50 厘米。将肥料施于穴内后，上面覆盖密封。穴的多少，可根据树冠大小及施肥量而定。此法适于追施磷、钾肥，也适于其他速效性肥料的追肥。在干旱或缺肥水地区，可采用此法进行穴贮肥水，提高肥水利用率。一般是将穴内插入草把，施入肥水后用石板或砖头等密封。一穴可多次浇施肥水。在干旱地区，施肥效果显著。

（7）注入施肥法　即将肥料注入土壤深处，定位施肥。一般用土钻打眼，钻到根集中分布区，然后将稀释的化肥或腐熟的肥水注入穴内，适于密植梨园。

（8）液态施肥　又称灌溉式施肥，是指在灌溉水中加入合适浓度的肥料一起浇灌土壤，此法适用于具有喷滴设施的梨园采用。灌溉施肥具有肥料利用率高、肥效快、肥料分布均匀、不伤根、节省劳力等优点，尤其对于追肥来说，灌溉施肥是梨树施肥发展的方向之一。

（9）压绿肥　压绿肥的时期，一般在绿肥作物的花期为宜。压绿肥的方法是在果树行间开沟，山地果园可挖树穴，将绿肥压在沟或穴内，一层绿肥一层土，压后灌水，以利绿肥腐烂分解，压绿肥也可追施少量碳酸氢铵，促进分解。干旱地区可在雨季进行压绿肥。

以上方法可根据具体情况选用。总原则是，基肥宜深，追肥可浅，将肥料施于吸收根最多的地方。要注意尽量少伤大根，施肥后要及时灌水。建议施肥与机械化相结合进行，省工高效。

2. 根外施肥

（1）叶面喷肥　在生长季将易溶于水的肥料，配成一定浓度的溶液，喷布在叶面上，通过叶片的气孔和角质层吸收。

叶面喷肥的使用浓度应根据肥料种类、树种、品种、树体营养状况、物候期、气温等条件而定，在使用前最好先作小型试验，确保施用后无药害，方可大面积应用。对于一般肥料喷施 $0.3\%\sim0.5\%$ 的浓度，都是较安全可靠的。在多种肥料混合施用时，要注意不影响肥效，同时保证总盐的浓度在安全浓度范围内。常用肥料的安全使用浓度详见表 6-3。

表 6-3　叶面喷肥常用肥料浓度表

肥料种类	使用浓度（%）	使用时期	肥料种类	使用浓度（%）	使用时期
硫酸锌	0.2～0.3	萌芽期	光合微肥	0.1	幼果发育前期
尿素	0.3～0.5	全生长季	硝酸稀土	0.1	展叶至幼果期
硼砂	0.3～0.5	盛花期、幼果期	柠檬酸铁	0.1	新梢旺长期
硼酸	0.1～0.3	盛花期	磷酸二铵	0.5～1	果实中后期
硫酸镁	0.5～1	幼果至成熟期	硫酸钾	0.5～1	果实中后期
氯化钙	0.5～1	幼果至成熟期	硝酸钾	0.5～1	果实中后期
硝酸钙	0.5～1	幼果至成熟期	草木灰浸出液	2～4	果实中后期
过磷酸钙	2～3	果实发育期	磷酸二氢钾	0.3～0.5	果实发育期
硫酸亚铁	0.3～0.5	新梢旺长期	氯化钾	0.5～1	果实中后期

叶面喷肥最好选择无风阴天或晴天 10:00 前、16:00 后进行。喷施浓度可根据当天的气温、湿度以及物候期等，在使用浓度范围内进行适当调节，一般气温高、空气干燥或处于萌芽、开花期浓度宜低，以免发生肥害。阴雨天也不要叶面喷肥，叶片吸收少而淋失多。喷药时要喷布均匀，着重喷施细嫩叶片和叶片背面，以利于叶片对肥料的吸收。

（2）主干输肥　主干输肥是将果树生长发育所必需的大量元素及其多种微量元素和有机营养成分，按一定的比例科学配制成营养液，将药液通过外力或重力注入主干后，靠蒸腾作用通过输导组织输送到树体的每个部位的施肥方法。其主要特点是起效快、用肥量少，作用持久，成本低且对环境的污染小等，对于易被土壤固定的元素的施入效果更佳。

施用时期一般在果实采收后至开花前。将果树专用营养注射液按说明书浓度稀释，一般稀释到 30～50 倍的水溶液，在主干基部选平滑无伤处钻孔，主干周长 10 厘米以下钻一个孔，10 厘米以上钻 2 个孔，孔径 5～5.5 毫米，钻孔时保持钻头与主干的夹角为 80°，孔的深度一般为主干直径的 1/2～2/3（主干直径在 15 厘米以上时，深度为整个钻头的长度），并清除孔内木屑。

　　将单株所需的稀释好的水溶液装入专用滴注袋，垂直挂于距地面 1.5 米高的枝杈上，并排出管中气体，然后将滴注头插入钻孔即可。输肥完毕后，用泥土封住钻孔，以利于伤口愈合。也可采用强力注射器注射，一般压力为 10 千克/厘米^2。

　　由于生产上应用不当也产生过不少副作用，因此该技术仍需进一步完善。应用主干输肥需注意以下几个问题：

　　①尽量在休眠期使用该技术。

　　②注意根据树体大小确定输肥量。

　　③因软水中含钙、镁离子少，配置肥液以软水为好，如河水、雨水、凉开水等。

　　④一般应将肥液的 pH 控制在 4～7。

　　（3）枝干涂肥　梨树的枝干也有吸收肥水的能力。对于贮存营养严重不足或缺素症严重的园片可于春季萌芽前用较高浓度的肥液喷洒（或涂抹）枝干。实践证明，梨树萌芽前主干涂抹氨基酸涂抹宝原液、全树喷洒 2%～3% 尿素溶液可使梨树开花、萌芽整齐，促进短枝发育，显著提高坐果率，喷 1%～2% 硫酸锌溶液可保持树体的含锌量，喷 3%～4% 硫酸锌溶液对于矫正小叶病效果显著。

（三）施肥量

　　梨树一生中需肥情况，不仅因树龄、结果量及环境条件变化等而不同，还与肥料种类、土壤供肥状况有关。一般施入的肥料，并未完全被梨树吸收，一部分由于日晒分解挥发，一部分被雨水或灌溉水冲刷、淋溶而流失，只有一部分被梨树吸收利用。由于土壤条件以及肥料性质的差异，梨树对各种肥料的利用率不同。各种肥料利用率约是：氮按 50% 计，磷按 30% 计，钾按 40% 计，绿肥按 30% 计，圈肥、堆肥按 20%～30% 计。合理施肥量的确定应根据化学分析的结果，推算出梨树每年从土壤中吸收各元素的数量，扣除土壤中能供给的量，再考虑肥料的损失情况。其计算公式为：

$$施肥量 = \frac{梨树吸收元素总量 - 土壤的供肥量}{肥料元素的利用率}$$

土壤的供肥量，一般氮按树体吸收量的 1/3 计，磷、钾按树体吸收量的 1/2 计。由于施肥量的确定受到很多因素的限制，实际生产中很难确定统一的施肥标准。

目前，我国梨生产上施肥量确定还比较盲目，而且主要考虑三要素的施用，对于元素间的平衡关心很少。目前生产中施肥量的确定以依据产量和肥料试验的经验者居多。

1. 根据产量确定施肥量 目前，我国梨生产上为方便起见，通常根据单位面积的产量来确定施肥量。一般每生产 1 000 千克梨果，全年应施纯氮 3.0～4.5 千克、磷 1.5～2.0 千克、钾 3.0～4.5 千克，三者相对比例为 1∶0.5∶1。此外，对进入盛果期的树，一般每年每亩施有机肥 2 500～5 000 千克，或者每产 1 000 千克果施有机肥 1 000 千克。通过如下方法计算出每亩的用肥量，再乘以梨园的总面积，即可得到全园的年施肥量。

$$施氮量 = \frac{\frac{亩产量}{1000} \times (3.0～4.5)}{化肥的含氮量}$$

$$施磷量 = \frac{\frac{亩产量}{1000} \times (1.5～2.0)}{化肥的含五氧化二磷量}$$

$$施钾量 = \frac{\frac{亩产量}{1000} \times (3.0～4.5)}{化肥的含氧化钾量}$$

$$施有机肥量 = \frac{亩产量}{1000} \times 1000$$

2. 施肥试验确定施肥量 选定合适的梨园，进行施肥量比较试验，提出当地梨园施肥量标准，以指导一定区域内的梨树生产。梨树需肥量受土壤、树龄、管理等因素的影响，要得出一个较合理的施肥量，对于多年生梨树来说，施肥试验需要进行 10 年以上。

3. 营养诊断确定施肥量 根据土壤和树体营养诊断来确定施肥量是当前科学施肥发展的趋势。具体参见本节营养诊断施肥与平衡施肥部分。

确定好全年的施肥量后，基肥按照全年施肥量的 50%～60%施用，追肥总量按 40%～50%施用。不过有条件的地区，建议在营养诊断指导下确定合理的施肥量。

五、营养诊断施肥与平衡施肥

（一）营养诊断施肥

营养诊断是以矿质营养原理为指导，以叶分析、土壤分析、生理生化指标测定及外部症状鉴定等为手段，对梨树树体的营养状况进行客观判断。矿质营养原理是指导梨树施肥的理论基础，根据营养诊断进行配方施肥或平衡施肥，是实现果树栽培科学化的一个重要标志。

营养诊断主要是根据叶分析结果，与丰产优质梨树叶分析标准值比较，参考果实和土壤分析结果，提出各种元素的亏缺或盈余的状况。在此基础上，根据元素拮抗和相助原理以及当地土壤的理化性质，提出适宜的肥料配方。

1. 土壤营养诊断 梨树生长发育所必需的营养元素主要来自于土壤，产量越高，土壤提供的养分量就越多。土壤中营养元素的丰缺和协调与否直接影响梨树生长及产量，关系着施肥的效果，因此，土壤营养诊断成为确定合理施肥的重要依据。在制订施肥计划前，应首先进行土壤营养诊断，以便根据土壤养分的含量和供应状况确定适宜施肥种类和数量。

梨园土壤营养诊断，通常指对土壤中各种营养元素可给态养分（或称有效养分）数量的测定。所谓土壤可给态养分一般呈 3 种状态：一是土壤溶液所溶解的养分；二是土壤交换性吸

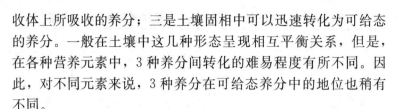

收体上所吸收的养分；三是土壤固相中可以迅速转化为可给态的养分。一般在土壤中这几种形态呈现相互平衡关系，但是，在各种营养元素中，3种养分间转化的难易程度有所不同。因此，对不同元素来说，3种养分在可给态养分中的地位也稍有不同。

土壤营养诊断一般采用十字交叉法或五点法取样，挖取代表性点上的土样，取土深度分别为0～20厘米、20～40厘米、40～60厘米、60～80厘米。主要测定土壤质地、有机质含量、pH、全氮和硝态氮含量以及矿质营养元素的含量。将测定数值与标准值或相同栽植品种的丰产梨园数值进行比较，确定土壤养分的亏缺程度。

2. 叶分析　由于果树叶片一般能够及时和准确反映树体营养状况，不仅能分析出肉眼能见到的症状，还能分析出多种矿质元素的不足或过剩，分辨两种不同元素引起的相似症状，并能在症状出现前及早发现。因此，叶分析在果树生产上应用较为广泛。

供作分析的叶片，宜在一年中叶片营养含量变化较小时采取。梨树常在新梢停止生长时采集。供分析用的叶片，应尽量做到标准一致。为减少取样误差，一般应选择有代表性的树15～30株，于树冠外围同一高度选4～6个外围新梢，采新梢中部叶一片，混合后进行检测。测定结果与优质梨园叶片适宜矿质营养含量标准值相比较，作出营养状况的诊断。

营养诊断的关键环节就是矿质营养标准值的建立。梨不同种类和品种、不同的立地条件下叶片适宜矿质营养含量标准值有所差异。所以，必须在一定的条件下进行长期试验，才能比较准确地建立某一品种矿质营养元素的标准值。河北农业大学通过多年研究，确定了冀中南沙地梨区盛果期优质丰产鸭梨叶片10种矿质营养含量标准值（表6-4），为此区域鸭梨营养诊断和配方施肥的实施奠定了坚实的基础。

表 6-4 盛果期优质丰产鸭梨叶片主要矿质营养含量标准值

元素种类	N (%)	P (%)	K (%)	Ca (%)	Mg (%)	Fe (毫克/千克)	Mn (毫克/千克)	Cu (毫克/千克)	Zn (毫克/千克)	B (毫克/千克)
标准值	1.75～1.92	0.10～0.12	1.07～1.49	1.65～1.99	0.30～0.39	107.54～148.21	64.50～82.58	15.20～64.82	17.75～27.88	17.15～26.49

根据测定结果，结合施肥试验，从而取得适用于当地梨园的合理肥料元素配比。

3. 营养诊断施肥效果 河北农业大学梨课题组通过在河北省中南部沙地梨区多年研究，以营养诊断为基础，提出优质丰产（产量 3 000 千克/亩）盛果期鸭梨有机肥及氮、磷、钾、硼、锌的施用方案，每亩年施有机肥 4 000～6 000 千克，纯氮（N）12～15 千克，磷（P_2O_5）6～8 千克，钾（K_2O）13～16 千克，配合施用适量的微量元素（表 6-5）。

表 6-5 盛果期鸭梨产量 3 000 千克/亩梨园施肥方案

施肥时期	有机肥 (千克/亩)	N (千克/亩)	P_2O_5 (千克/亩)	K_2O (千克/亩)	B (千克/亩)	Zn (千克/亩)
萌芽前	—	4～5	6～8	5～7	4.5	6
果实膨大期	—	4～5	—	8～9	—	—
采收后	4 000～6 000	4～5	—	—	—	—
全年合计	4 000～6 000	12～15	6～8	13～16	4.5	6

（二）平衡施肥

平衡施肥是以养分平衡原理为指导，通过施肥调节和维持果树树体的营养，达到高产优质的目的。平衡施肥是配方施肥进一步深化，要求能够维持施入土壤的肥料和土壤天然供应的养分与树体生长发育消耗之间的平衡，达到维持体内元素之间的相对平衡。要维持这一平衡，需要在营养诊断和明确树体、土壤营养状况的基础上，提出合理的配方，进行定性和定量施肥，真正做到缺什么施什么，缺多少施多少。

施肥量的确定是平衡施肥的关键。施肥量的确定既要考虑土壤本身所含的养分、所施肥料的种类、性质、数量和肥料的利用率，又要考虑梨树生长发育所需的养分数量。一般情况下，施肥量随树冠增大和产量提高而增加。在良好的土壤管理制度下，土壤有效微生物活动旺盛，肥料易于分解，有利于根系吸收，肥料利用率也高，施肥量可适当减少。反之，施肥量应适当增加，山区和丘陵地梨园，缺乏水土保持工程、肥料易流失，施肥量应适当增加。具体某一种营养元素的施肥量，可用如下算式计算：

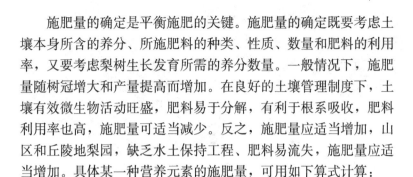

$$\frac{某元素的合理}{施用量} = \frac{生物学产量 \times \frac{植株养分的}{平均含量} - 土壤供应量}{肥料养分当季利用率}$$

为做到客观和准确地施肥，必须掌握目标产量、树体的需肥量、土壤供肥量、肥料利用率和肥料中有效养分含量等参数。

1. 目标产量　可根据梨园植株的整齐度、生长势、历年的产量情况及要达到的质量指标确定。

2. 树体的需肥量　根据当年各器官生长发育所需的营养来确定需肥量的多少。通常认为每产生 100 千克新根需氮（N）0.63 千克、磷（P_2O_5）0.1 千克、钾（K_2O）0.17 千克；每产生 100 千克新梢需氮（N）0.98 千克、磷（P_2O_5）0.2 千克、钾（K_2O）0.31 千克；每产生 100 千克鲜叶需氮（N）1.63 千克、磷（P_2O_5）0.18 千克、钾（K_2O）0.69 千克；每产生 100 千克鲜果需氮（N）0.23～0.45 千克、磷（P_2O_5）0.2～0.32 千克、钾（K_2O）0.28～0.4 千克。

3. 土壤供肥量　土壤中三要素天然供给量约为树体氮吸收量的 1/3，为树体磷和钾吸收量的 1/2。

4. 肥料利用率　施入土壤中的肥料，由于土壤的吸附、固定、淋失以及分解挥发而不能全部被梨树吸收利用，影响肥料的利用率，各地试验结果表明，氮的利用率约为 50%，磷约为 30%，钾约为 40%。

5. 肥料的有效养分含量　肥料的有效养分含量是确定施肥量的重要参数。均可从相关书籍或当地土肥站查询。

近年，在我国梨区的一些初步试验也取得了良好的效果，平衡施肥可以有效地提高果实可溶性固形物含量，增加含糖量和糖酸比，且增产效果显著，但在生产上应用还较少。

第三节　梨园水分管理

水是梨树生长发育的最基本条件之一。水分影响到梨树生长、开花结果和果实品质。适宜的土壤水分，能确保梨树体内各种生理生化活动的正常进行，使梨树生长健壮，丰产稳产，果品质量提高。土壤中水分过多或不足，梨树正常的各种生理生化活动就会受阻，就无法正常地生长发育，甚至发生死亡。所以，水是梨树生长健壮、丰产稳产和长寿的重要因素。要充分发挥水分对梨树的良好影响，必须适时地进行灌水与排水，以满足梨树生长发育的要求。梨园的水分管理主要包括灌水和排水两个方面。

一、梨园灌溉

梨树具有较强的抗旱能力，但又是需水量较大的树种。国内外研究结果表明，梨树的需水量是苹果的 $3\sim5$ 倍。因此，若欲实现破产优质，就必须满足梨树对水分的要求。

（一）梨树需水特性

1. 梨树的需水量　水分是梨树的重要组成成分。梨树的各个器官的含水量分别为果实 90%，叶 70%，嫩芽 60%～80%，枝梢 50%～70%。这些水分都是根系从土壤中吸收，并运送到地上部分各器官细胞中，产生细胞膨压而使各器官优化其形态和生理活动。梨树的需水量是指梨树在正常生长发育过程中所必需消耗的水量。可以用下面的公式表示：

梨树需水量＝各器官新增鲜重×干物质（%）×蒸腾系数

梨树的蒸腾系数为300～500，即每生产1克干物质，需耗水300～500克。以亩产2 500千克梨的梨园为例，梨果含水量为90%时，其果实干物质为250千克；梨树枝、叶、根的干物质约为果实的3倍，其干物质应为750千克（表6-6）。那么该梨园梨树的需水量为300～500吨/亩。每平方米叶面积每小时蒸腾40克水，小于10克时，各种代谢就不能正常进行。

若按每亩需400吨为生产用水的参数，则与年降水量600毫米的水量相当。但这并不能说明年降水量等于或大于600毫米的地区就不需要灌溉，因为我国广大地区年降水量分布不均匀，尤其是北方梨区，多呈现"春旱、夏燥、秋涝、冬干"的现象，7～9月雨量过多，而且地面蒸发、地表径流和土壤渗漏等水分损失严重，一般认为仅1/3的降水可被树体利用。所以，实际上自然降水难以满足树体生长结果需要，必须通过灌水加以补充。

表6-6　根据年生长量和蒸腾系数推算需水量

不同器官	年产量（千克）	干物质含量（%）	干物质产量（%）	蒸腾系数	年需水量（吨）
果实	2 500	10	250	400	100
枝、叶、干、根	1 416	50	708	400	283
合计	3 916	60	958		383

2. 梨树对水分的需求规律　在梨树整个营养生长期内都需要水，但需求的多少与物候期关系非常密切。春季发芽前至花期，这时所形成的叶片数量较少，温度相对较低，总耗水量较少，需水不多；新梢旺长期，叶片数目和总叶面积剧增，需水量最多，此时缺水，春梢生长缓慢，停止生长早，称为需水临界期；花芽形成期，需水较少；果实膨大期，因果实膨大及气温较高，需水量较大；果实采收前，叶果耗水不多，需水较少；休眠期需水较少，但要有一定的水分年供应。

（二）梨园灌溉技术

1. 灌水时期　梨树需水状况受诸多因素的影响，因此适宜的灌水时期，应当根据多种因素综合考虑。

正确的灌水时期，不能等到已从树体形态上显露出缺水状态（梢尖弯垂，果实皱缩，叶片萎蔫等）时才进行灌溉，而是要在梨树未受到缺水影响之前进行，否则，梨树的生长和结果将会受到损失。一般情况下，梨园的灌水时期可根据土壤含水量和梨树需水的主要物候期进行确定。

（1）根据土壤含水量，确定灌溉时期 土壤能保持的最大含水量称为土壤持水量。当土壤的含水量达到最大持水量的60%～80%时，土壤中的水分和空气状况最适宜梨树的生长和发育。当土壤含水量低于60%时，应及时进行灌溉。实际生产中，可以用土壤水分张力仪测定土壤含水量。

在梨园中安置张力仪指导灌溉，是一种简便而又较正确的方法，可省去进行土壤含水量测定的许多劳力，且可随时迅速地了解果树根部不同土层的水分状况，进行合理的灌溉，以防止过分灌溉时，所引起的灌溉水和土壤养分的消耗。

张力仪包括一个密封的充满水的管（亦称集气管），在其下部装置一个多孔的陶瓷帽头（亦称陶土管），在其顶部用塞子塞紧，塞子旁附着一个真空计量器（亦称真空表），使用时将不同长度的张力仪的管子埋置在不同的土层中，将其陶瓷帽放在需要测量土壤水分的地方，使塞子和计数器留在地面以上，以便观察和读数。当土壤干燥时，干土通过多孔的陶瓷帽壁从张力仪中吸水，使张力仪中水分容积减少而产生一部分真空，便可在真空计量器上读出数值来。土壤愈干，土壤从张力计中吸出的水愈多，计量器的读数上升。当灌水后，土壤的吸水力降低，水通过陶瓷帽头被吸入张力计中，水分容积增加，真空度下降，于是计量器的读数下降。

也可根据田间持水量、萎蔫系数和土壤容重间的关系进行确定（表6-7）。当前小面积梨园可能还不能按此法进行确定，也可凭经验进行判断。如壤土和沙壤土，用手紧握可成团，松开手后土团不易碎裂，说明土壤湿度在最大持水量的50%以上，可不必灌溉。如手指松开后土团散开，证明土壤湿度太低，需要灌溉。黏壤土手捏时虽能成团，但轻轻挤压容易发生裂缝，证明水分含量少，需进行灌溉。

表6-7 不同土壤持水量、萎蔫系数及土壤容重

土壤种类	饱和持水量（%）	田间持水量（%）	田间持水量的60%~80%（%）	萎蔫系数	容重（克/厘米³）
粉沙土	28.8	19	11.4~15.2	2.7	1.36
沙壤土	36.7	25	15~20	5.4	1.32
壤土	52.3	26	15.6~20.8	10.5	1.25
黏壤土	60.2	28	16.8~22.4	13.5	1.28
黏土	71.2	30	18~24	17.3	1.30

（2）根据梨树物候期对水分的不同要求，确定灌溉时期 梨树不同生育阶段和不同物候期，需水量有不同的要求。梨树主要灌水时期有：萌芽期至开花前、花后、果实膨大期、采后和土壤上冻前。特别是果实发育期，如果土壤含水量不足，应及时灌溉补充。我国北方梨园一般年份可浇水5~7次。早春萌芽前浇一次水，5月上旬至7月雨季前浇2~3次水。采收后结合秋施基肥浇1次水；落叶后浇1次上冻水。雨季到来前和生长后期，如土壤不太旱可不浇水，以防枝条徒长和降低果品质量。

①萌芽期。此期灌溉可及时恢复梨树越冬失去的水分，能明显促进新梢生长，有利于开花坐果，还可减轻春寒和晚霜的危害。此遍水在春旱多风的地区尤为重要，一般于花前追肥后马上灌水为宜。

②新梢速长期。落花后半月左右是新梢旺盛生长期，此期树体生理机能最为旺盛，对缺水反映特别敏感，是树体需水量最大的时期。这时灌水对促进新梢生长，减轻生理落果具有重要作用。但应注意灌水不宜太多，灌水时期不能太迟，以免引起新梢

旺长，进而影响花芽形成。随着春梢生长逐渐减慢，花芽生理分化期来临（5月下旬至6月上旬），树体需水量趋于平缓。此期适当干旱可使新梢及时停长，促进营养积累，有利于花芽形成。如果供水过多，易引起新梢徒长，对花芽分化极为不利。因此，接近花芽分化期不宜灌水。

③果实膨大期。在果实膨大的7～8月，要求保证适宜的水分供应。这一时期气温较高，土壤水分蒸发量大，且容易发生伏旱。此期合理灌水，对促进果实膨大，增加产量和提高果实品质具有重要作用。如果降雨过多或频繁灌溉，会降低果实含糖量，影响果面着色，容易引起裂果，使果实品质变差，降低耐贮性。接近果实成熟期需水量减少，应控制灌水。河北省昌黎果树研究所试验表明，雨季至采收前控制灌水，3年中雪花梨平均果实可溶性固形物含量为12.38%，果实硬度为5.79千克/厘米^2，而对照仅为11.5%和5.60千克/厘米^2。

④生长后期。9月中旬至10月上旬，一般梨果已经采收。此期树体负担减轻，随着气温下降，枝条生长逐渐停止，树体处于营养积累阶段，需水量较少。但结合秋施基肥进行灌水，有助于增加树体贮藏营养，对恢复树势和促进根系发育具有一定的作用。

⑤越冬封冻水。一般在落叶前后，土壤封冻前，在冀中为11月上中旬。灌足封冻水，以使土壤贮备充足的水分，利于肥料的分解和根系的吸收，从而起到促进树体的营养积累，提高梨树越冬能力，促进翌年梨树生长和发育。

2. 灌溉方法　梨园灌溉的方法有多种，应本着高效、实用、省水、便于管理和机械化作业方便的原则进行。此外，还要因地形、地势、栽植方式和投入成本等而定。结合国内外的灌溉方法可分为地面灌溉和地下灌溉两种形式。

（1）地面灌溉

①分区灌溉。把梨园划分成许多长方形或正方形的小区，纵

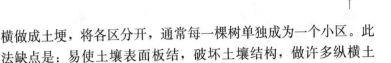

横做成土埂，将各区分开，通常每一棵树单独成为一个小区。此法缺点是：易使土壤表面板结，破坏土壤结构，做许多纵横土埂，既费劳力又妨碍机械化操作。

②树盘灌溉。以树干为圆心，在树冠投影以内以土埂围成圆盘，圆盘与灌溉沟相通。灌溉时水流入圆盘内，灌溉前疏松盘内土壤，使水容易渗透，灌溉后耙松表土，或用草覆盖，以减少水分蒸发。此法用水较经济，但浸润土壤的范围较小，果树的根系比树冠大 1.5～2 倍，故距离树干较远的根系，不能得到水分的供应。同时仍有破坏土壤结构，使表土板结的缺点。一般适宜土地不平整的梨园。在山地、丘陵地梨园应用较多。

③树畦灌溉。树盘顺行整成平畦，然后顺畦或顺行灌溉。一般适宜土地较平整的梨园。近些年来，北方一些大型梨园沿树干修筑畦埂，顺行浇灌，浇水效率较高。

以上 3 种传统灌溉方法，灌水简单易行，灌水量足，维持时间较长。但用水量大，浪费水，土壤侵蚀较严重，盐碱地容易返碱，灌后若不及时中耕松土，易造成地面板结。地面灌溉还有较先进的方法如喷灌、滴灌等，将在梨园节水灌溉技术中介绍。

（2）地下灌溉

①沟灌。在梨园行间开灌溉沟，沟深 20～25 厘米，并与配水道相垂直，灌溉沟与配水道之间，有微小的比降。灌溉沟的数目，可因栽植密度和土壤类型而异，密植园每一行间开一条沟即可。稀植园如为黏重土壤，可在行间每隔 100～150 厘米开沟，如为轻松土壤则每隔 75～100 厘米开沟。灌溉完毕，将沟填平。

沟灌的优点是灌溉水经沟底和沟壁渗入土中，对全园土壤浸湿较均匀，水分蒸发量与流失量均较小，经济用水；防止土壤结构的破坏，土壤通气良好；有利于土壤微生物的活动；减少果园中平整土地的工作量，便于机械化耕作。因此，沟灌是地下灌溉的一种较合理的方法。

我国南方雨水较多，平地梨园均开有排水沟，干旱时可利用此沟进行蓄水灌溉，称为浸灌。这种方法不必在每次灌溉时开沟，同时因沟较深，可以浸润分布较深的根系，而且浸润均匀。

国外在传统的沟灌技术方面有所改进，如美国和前苏联采用塑料或合金管浸润灌溉法。即用直径30～50厘米的塑料或合金粗管代替灌水沟，管上按植株的株距开喷水孔，孔上有开关，可调节水流的大小，灌水时将管铺设田间，灌完后将管收起，不必开沟引水，节省劳力，便于机械化作业。

②穴灌。在树冠投影的外缘挖穴，将水灌入穴中，以灌满为度。穴的数量依树冠大小而定，一般为8～12个，直径30厘米左右，穴深以不伤粗根为准，灌后将土还原。干旱期穴灌，亦将穴覆草或覆膜长期保存而不盖土。此法用水经济，浸润根系范围的土壤较宽而均匀，不会引起土壤板结，在水源缺乏的地区，采用此法为宜。

另外，还有渗灌将在梨园节水灌溉技术中介绍。

3. 灌水量 最适宜的灌水量，应在一次灌溉中，使梨树根系分布范围内的土壤湿度达到最有利于梨树生长发育的程度。只浸润土壤表层或上层根系分布的土壤，不能达到灌溉目的，且由于多次补充灌溉，容易引起土壤板结，土温降低，因此，必须一次灌透。深厚的土壤，需一次浸润土层1米以上。浅薄土壤，经过改良，亦应浸润0.8～1米。如果在梨园里安置张力仪，则不必计算灌水量，灌水量和灌水时间均可由真空计量器的读数表示出来。

目前，对灌水量的计算方法主要有以下两种。

(1) 根据不同土壤的持水量、灌溉前的土壤湿度、土壤容重、要求土壤浸润的深度，计算出一定面积的灌水量 即：

灌水量＝灌溉面积×土壤浸润程度×土壤容重×（田间持水量－灌溉前土壤湿度）

灌溉前的土壤湿度，每次灌水前均需测定，田间持水量、土壤容重、土壤浸润深度等项，可数年测定一次。

例如，要计算灌溉 10 亩梨园 1 次的灌溉用水量，土质为壤土，要求灌水深度为 0.8 米，并测得灌溉前根系分布层的土壤湿度为 15%。根据表 6-7 中查出壤土的土壤容重为 1.25 千克/厘米^3，其田间最大持水量为 23%，用水量则可按上述公式计算出来。

灌水量=10×667×0.8×1.25×（0.23－0.15）=533.6（吨）

应用此公式计算出的灌水量，还要根据实际灌溉面积加以调整，一般梨园实际灌溉面积要减去道路、部分行间（约为 1/5），另还应根据品种、不同生命周期、物候期、间作物，以及日照、温度、风、干旱持续的长短等因素，进行调整，酌情增减，以便符合实际需要。

（2）根据梨树的需水量和蒸腾量来确定每亩的需水量　可按下列公式计算。

每亩需水量＝［果实产量×干物质（%）］＋［枝、叶、茎、根生长量×干物质（%）］×需水量

（三）梨园节水灌溉技术

我国是世界上水资源极度缺乏的国家之一，人均水资源占有量不到世界人均的 1/4。而梨树又是用水较多的树种，因此，发展节水高效的灌溉制度，是实现梨果业可持续发展的必由之路。

1. 梨园灌溉节水技术　目前适宜梨果生产上应用的主要有喷灌、滴灌、细管渗灌和涌泉灌（小管出流）等。国外发达国家绝大部分梨园采用喷灌，一小部分梨园采用滴灌。我国一些自然条件较好，灌溉水源较充足的梨园可采用喷灌，在干旱缺水但灌溉水质尚好的梨园可采用滴灌或渗灌，一般丘陵地梨园水质较差的地方可采用涌泉灌（小管出流）灌溉。

（1）喷灌　喷灌系统一般包括水源、动力、水泵、输水管道及喷头等部分。将水输入地下管道，从直立竖管顶部喷嘴喷向空中，变成水滴洒落到梨树和地面上。或将水输入地面管道，在树冠下设立微喷头，直接将水喷在地面上。喷灌有高喷和低喷两

种，在空气干旱地区，喷头的装置应高于树冠。一般地区则采用低喷，喷头装置高于地面30~50厘米。

此法便于机械化作业，省水（20%~70%），省工，能调节小气候（春季防霜，夏季防高温），适合土地不平整或山地梨园，还可兼顾喷药和施肥。喷灌的缺点是：可能加重某些果树感染真菌病害；在有风的情况下（风速在3.5米/秒以上时），喷灌难做到灌水均匀，并增加水量损失，据前苏联经验，在3~4级风力下，喷灌用水经地面流失和蒸发损失可达10%~40%。喷灌设备价格高，增加梨园的投资。

（2）滴灌 滴灌是以水滴或细小水流缓慢地施于植物根域的灌水方法。从滴灌的劳动生产率和经济用水的观点来看是很有前途的。滴灌系统由水泵、过滤器、压力调节阀、流量调节器、输水管道和滴头等部分组成。干管直径80毫米，支管40毫米，毛管10毫米。干管、支管分别埋入地下100厘米和50厘米。毛管在每株树下环绕1根，每50~100厘米安装1个滴头。

滴灌具有用水经济和节约劳动力等优点。有关试验证明，滴灌的用水量为普通灌水量的1/4~2/5，比喷灌省水1/2左右。滴灌系统还适合于山丘地梨园，由于滴灌能经常地对根际土壤供水，可均匀地维持土壤湿润，不过分潮湿和过分干燥。滴灌结合施肥能不断供给根系养分，盐碱地采用滴灌，能稀释根层盐液，因此，滴灌可为梨树创造最适宜的土壤水分、养分和通气条件，促进梨树根系及枝、叶生长，从而提高梨树产量和果实品质。

原华北农业机械化学院滴灌组在邢台市张东村果树队对谢花甜、鸭梨、巴梨等几个梨品种的灌水试验证明，滴灌根系较畦灌生长良好，滴灌根群分枝量多，其中一个根群分枝多达43条，须根最长达70厘米；而畦灌根群分枝量少，最大根群分枝仅10条，须根短，最长仅37厘米，同时滴灌的须根颜色较浅而鲜嫩，木质较柔软，而根毛特别发达；畦灌的须根短而弯曲，呈深褐色，木质硬，根毛较少。从地上部看，滴灌梨树的枝条长度超过畦灌的 11%～35%，粗度超过 0%～25%，滴灌树叶片大而厚，颜色绿，叶面积较畦灌树大 16%～24%，百叶重超过畦灌的 0%～39%。滴灌的梨树产量高，两年产量较畦灌增产 33%～285%，滴灌树最大单果重 465 克，畦灌最大果重 250 克。

滴灌的主要缺点是：管道和滴头容易堵塞，要求良好的过滤设备；滴灌不能调节梨园小气候，不适于土壤结冻期使用；一次性投资较大等。

目前国内外已发展到自动化滴灌装置，其自动控制方法可分时间控制法、电力抵抗法和土壤水分张力计自动灌水法等。以我国北京水利科学研究所与水利电力部水利水电科学研究院共同研制的 75 - 1 型土壤湿度计作传感器，用磁力开关与之串联，用以启闭电动机，可使灌溉装置及时进行灌溉或停止灌溉。

（3）渗灌 近年来在一些干旱缺水梨区发展很快，收效甚好。在梨园较高处建一蓄水池，在蓄水池出水口上连接打有孔眼的渗水细管，埋设干、支、毛输水管道，行与行、株与株间相互连通。将渗水管铺设于梨树根际土壤内 40 厘米深的根系集中分布层。灌溉时将水注入蓄水池，开启阀门，水通过管道均匀渗入梨树根部。管道可由各种不同材料制成，例如专门烧制的多孔瓦管、多孔水泥管、竹管以及波纹塑料管等，应用较多的是多孔瓦管。每节长 30～50 厘米，直径 10～15 厘米；在管壁的上半部分布有直径 1～2 厘米的出水孔，间距 5～10 厘米成梅花形分布。一次投资建成后，可以连续使用 10～20 年。这种灌溉方法具有省水、省工、省投资、效益高的特点。但渗灌不适用于土壤盐碱含量较高的地区，以免返盐（碱）。

（4）涌泉灌（小管出流） 涌泉灌是针对微灌系统在使用过程中，灌水器易被堵塞的难题和农业生产管理水平不高的现实，打破微灌灌水器流道的截面通常尺寸（一般直径为 0.5～1.5 毫米）而采用超大流道，以 φ4 的 PE 塑料小管代替微灌滴头，并辅以田间渗水沟的微灌系统，在国内称这种微灌技术为小管出流灌溉。

涌泉灌系统具有堵塞问题小，水质净化处理简单，操作简单，管理方便，省水等特点，并可将化肥液注入管道内随灌溉水进行果树施肥，也可把肥料均匀地撒于渗沟内溶解，随水进入土壤。特别是施有机肥时，可将各种有机肥埋入渗水沟下的土壤中，在适宜的水、热、气条件下熟化，充分发挥肥效，解决了滴灌不能施有机肥的问题。涌泉灌应用于山区梨园更有优势，结合堰塘蓄水提供水源，利用山坡产生的压力供水，是一种非常有前景的一种灌溉方式。

（四）其他节水技术

除了应用喷灌、滴灌、细管渗灌和涌泉灌（小管出流）等灌溉方法来提高水分的利用率，减少水分的无谓消耗以外，还可通过采用以下措施达到节约用水的目的。

1. 选用抗旱性强的砧木　砧木根系抗旱力的大小对梨树的抗旱力影响很大。目前，我国在这方面的研究还较少，可选用山梨和杜梨进行嫁接。

2. 覆盖保水　采用作物秸秆、地膜和绿肥等进行地面覆盖，可有效地减少土壤水分的蒸发。具体可参见本章每二节。

3. 化学节水技术　目前生产上使用较多的是保水剂和抗蒸腾剂。保水剂是一种高分子树脂化工产品。它遇到水分能在极短时间内吸水膨胀 350～800 倍，吸水后形成胶体，即使施加外力也不会把水挤出来。保水剂以 500～700 倍的比例掺入土壤中，降雨时贮存水分，干旱时释放水分，持续不断地供梨树吸收。保水剂在土壤中可反复吸水，可连续使用 3～5 年。抗蒸腾剂是指作用于植物叶表面，能降低蒸腾强度，减少水分散失的一类化学物质。目前国内应较多的有旱地龙、抗旱型喷施宝、高脂膜。

（五）水肥耦合技术

耦合多用在现代物理学上，指两个（或两个以上）体系或运动形式之间通过各种相互作用彼此影响以至联合起来的作用。水肥耦合是物理学概念的借用，它是指在果园系统中，水分和养分之间、各养分之间相互促进与拮抗的动态平衡关系，以及这些相互作用对果树生长发育和产量形成的影响称为果树的水肥耦合效应。

梨园耗水量大，但水的利用率很低，我国只能达到40%，肥料利用率仅为30%左右，而发达国家一般为50%～60%。养分利用效率不高、损失率大等问题的产生往往与不当的水分管理有关。过量灌水不仅会造成梨树根系生长发育不良，影响根系对养分的吸收，同时会引起氮素等养分的淋洗损失，不利于提高肥料利用效率；而土壤干旱也会使肥效难以发挥，施肥不当时还会发生烧根等现象，不利于养分吸收及梨树生长，尤其在土壤贫瘠、肥力低的梨园上，将水肥管理有机结合，是节约水分、养分，提高梨树产量的有效方法。

如何根据水分条件，在不增加施肥量的前提下，通过"以水调肥"、"以肥控水"的水肥耦合效应来提高梨树水肥利用效率及梨树品质，变得非常迫切。因此，合理施肥和灌溉，充分发挥肥和水的协同作用，不仅可以提高肥水利用效率、节本增效；而且又能减少肥料对环境的污染，节约水肥资源，改善生态环境，是梨树无公害生产的重要环节。

现在梨树生产上，关于水肥耦合的应用还不多，并且主要集中在简单的水肥一体化方面。

1. 穴贮肥水技术　穴贮肥水适宜于瘠薄干旱的山丘地梨园采用。用玉米秸、麦秸或稻草等捆成直径20～30厘米，长30厘米的草把，放在5%～10%尿素溶液中浸泡透。以树干为中心，均匀挖6～8个直径25厘米，深40厘米左右的穴，每穴内直立埋草把1个，草把上端比地面低约10厘米。在草把四周用掺加有机肥的土填埋踏实（每穴5千克土杂肥，混加150克过磷酸钙、50～100克尿素或复合肥），随即适量浇水，然后覆膜，穴上面留一浇水孔，用石块压上，以便将来追肥浇水（图 6-1）。进入雨季，可将石块拿掉，使穴内贮存雨水。草把每年更新一次，贮肥穴一般用 2～3 年后，也要更换位置重新设置贮肥穴。

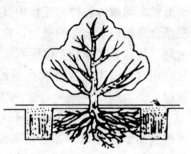

图 6-1　穴贮肥水示意图

穴贮肥水地膜覆盖对保持土壤水分和土壤养分有很大作用。覆盖地膜不但能保持土壤水分，而且能提高土壤的有效温度，促使梨树根系活动提前，增强吸收土壤养分和水分的能力；穴贮肥水地膜覆盖土壤水分充足，温度适宜，透气性好，有利于土壤养分的释放，土壤中速效氮、磷、钾的含量明显提高。另外由于草把被微生物分解时产生大量的二氧化碳，降低了土壤的 pH，难溶性的微量元素化合物溶解度增大，使土壤中微量营养元素有效性增加，利于梨树根系吸收利用。

2. 土壤局部改良水肥耦合积贮水分技术　该技术是北京市林果所魏钦平等结合多年的研究结果和实践经验总结的一套土肥水管理方法，并已在北京主要的果树产区推广应用。具体做法如下：

（1）挖穴状施肥坑　在树冠内沿 40 厘米左右处挖 2～4 个长、宽、深各 40～60 厘米的坑。每亩施用有机肥 2～4 吨。第一次在树冠东南西北 4 个方向挖 4 个施肥坑，然后将腐熟的有机肥与上层土壤充分混合，按 1 份有机肥，2 份土壤，施入 20～40 厘米的土层。以后施肥沿此穴不断扩展，逐年将树冠周围全部土壤改良。

（2）挖坑起垄　在施肥穴外（行间）起土，覆盖树下，高度 15～20 厘米，树干周围 3～5 厘米处不埋土。最终形成行间低，树冠下高的缓坡状。

（3）做灌水沟 顺行向或灌水方向，紧贴施肥坑外缘做宽、深分别为20～40厘米的灌水、排水沟。此沟干旱时用做灌水，夏季涝时可以排水。

（4）覆盖黑色地膜 在垄上和施肥穴上覆盖黑色地膜，宽度依株行距、树龄的不同而定，每边为1～2米。

（5）交替灌溉 每次灌水只灌树垄一侧沟，下次灌溉再灌另一侧沟，根据梨树的需水量实行交替灌溉，达到控制新梢生长、节约灌水、调节树体生长、提高梨果品质的效果。

（6）行间自然生草 行间杂草自然生长，当草长到50厘米高时，进行刈割。

3. 灌溉式施肥 利用喷灌、滴灌、渗灌系统或渠水，将肥料随水输送到土壤中。施肥时，先将肥料用少量水溶解，然后均匀掺入灌溉水中，一定要控制好肥料浓度。施肥装置主要有压差式施肥罐、开敞式肥料罐自压施肥装置、文丘里注入器和注射泵等。可根据自身情况选择使用。还可利用专用注入式施肥器将液体（或固体）肥料直接注入根系集中分布层。此法供肥及时，肥料在土壤中分布均匀，利用率高，不伤根系，不破坏土壤结构，操作简单易行，节省劳力。

二、梨园排水

盐碱地或地势低洼、地下水位高、排水不良的梨园，应设排水系统。它是防涝保树保障梨树正常生长与结果的有力措施。

（一）涝害对梨树的影响

梨树虽较耐涝，但土壤中水分过多缺乏空气时，首先是根的呼吸作用受到抑制，迫使根系进行无氧呼吸，导致乙醇积累、蛋白质凝固，引起根系生长衰弱以至死亡。其次是土壤通气不良，会妨碍好氧微生物的活动，降低土壤肥力。在黏土中，如遇土壤排水不良，还会使硫酸铵等化肥或未腐熟的有机肥进行无氧分解，产生一氧化碳或甲烷、硫化氢等有毒物质，容易发生烂根，造成根系死亡，地上部叶片萎蔫、落叶，严重时枝条枯死，直至整株死亡。

（二）排水方法

梨园排水方法可分为明沟或暗沟排水两种类型。明沟排水是在地表每隔一定的距离，顺行挖一定深度和宽度的排水沟。对于降水量少、地下水位低的梨园，通常只挖深度小于1米的浅排水沟，并与较深的干沟连接起来，主要用于排除地表积水。对于降水量多、地下水位高的地区，在梨园内除开挖浅排水沟外，还应有深排水沟，后者主要用于排除地下水，降低地下水位。暗管排水是在梨园安设地下管道，排水系统通常由干管、支管和排水管组成，适合于土壤透水性好的梨园。暗沟排水不占地，不影响耕作，便于机械化施工，是今后发展的方向。

山地黏土梨园，梯田面较宽时，雨季应在内沿挖较深（1米左右）的截流沟，以防内涝。沙石山地梯田内沿为蓄水挖出的竹节沟，在雨量过大时应将竹节沟埂扒开，以利过多的水分及时排出。平原黏土或土质较黏的梨园应开挖排水沟，排水沟间距和深度依雨季积水程度而定，积水重而土质黏重的应每2～3行树（8～12米）挖一条沟，积水较轻或土质不黏的可每4～6行树（16～24米）挖一条沟。行间排水沟口应与园外排水渠连通。排水沟深度应保证沟内雨季最高水面比梨树根系集中分布层的下限再低40厘米。河滩地梨园，如果雨季地下水位高于80～100厘米时，也应挖行间排水沟，一般4～6行树一条。

（三）受涝梨树的管理

对受涝梨树，要及时排出积水，将根颈部和部分粗根上面的泥土扒开，进行晾根，必要时对根系和周围土壤进行喷药消毒，以防根系感染病害。对株间和行间土壤根据情况进行耕翻松土，增进土壤的通透性，尽快恢复树体的正常生理活动。同时加强叶面喷肥，及时防治病虫害，促进树势恢复。

第七章

梨树整形修剪技术

梨树的整形修剪是栽培管理中的一项重要措施，也是一项十分细致的工作。整形是根据梨树的生长结果习性、生长发育规律、立地条件和其他栽培管理特点，通过修剪，使树体具有利于结果的形态，牢固的骨架，合理的结构，经济利用空间，为合理密植提供有利条件，为早果、丰产打好基础。修剪是在整形的基础上，继续培养和维持丰产树体结构，调节生长和结果的平衡关系，以保持梨树连年优质、丰产。

整形和修剪，两者的概念虽然有所不同，但两者却是相互依存，不可分割的。而两者的共同目的又都是为了梨树的优质、高产、丰产、稳产和长寿，以及良好的经济效益。

梨树的整形和修剪，是以不同系统、品种的生物学特性为基础，依环境条件和肥水综合管理及病虫综合防治为转移的技术措施，所以，整形和修剪，必须与土肥水综合管理和病虫害综合防治相配合，才能充分发挥其增产作用。

整形和修剪，是梨树栽培管理中必不可少的技术措施，也是其他技术措施所不可代替的，但绝不是万能的，也不是唯一的，必须正确对待和精细运用。如果片面强调修剪的作用，而忽视其他技术措施，或者把修剪和其他技术措施对立起来，过分强调树形，为修剪而修剪；或者不重视修剪的做法，都不能充分发挥整形修剪的作用，而获得早果、优质、丰产、高效益，反而会导致幼树结果晚，大树产量低、质量差和经济寿命短等不良后果。

第一节　整形修剪的作用和意义

一、调节果树与环境间的关系

整形修剪可调整果树个体与群体结构，提高光能利用率，创造较好的小气候条件，更加有效地利用空间。

提高有效叶面积指数和改善光照条件，是果树整形应遵循的原则，必须双方兼顾。只顾前者，往往影响品质，进一步也会影响产量；只顾后者，则往往影响产量。增加叶面积指数，主要是多留枝，增加叶丛枝比例，改善群体和树冠结构。改善光照主要控制叶幕，改善群体和树冠结构，其中通过合理整形，可协调两者的矛盾。

稀植时，整形主要考虑个体的发展，重视快速利用空间，树冠结构合理及其各局部势力均衡，尽量做到扩大树冠快，枝量多，先密后稀，层次分明，骨干开展，势力均衡。密植时，整形主要考虑群体发展，注意调节群体的叶幕结构，解决群体与个体的矛盾；尽量做到个体服从群体，树冠要矮，骨干要少，控制树冠，通风透光，先"促"后"控"，以结果来控制树冠。

良好的群体和树冠结构，还有利于通风透光、调节温度、湿度和便于操作。

二、调节树体各局部均衡关系

梨树正常生长结果必须保持好各局部的相对均衡。

（一）利用地上部与地下部动态平衡规律调节果树的整体生长

果树地上部与地下部是相互依赖，相互制约的，二者保持动态平衡。任何一方的增强或减弱，都会影响另一方面的强弱。修剪就是有目的地调整两者的均衡，以建立有利的平衡关系。但具体反映，随接穗和砧木生长势的强弱、贮藏养分的多少、剪留枝芽或根的质量、新梢生长对根系生长的抑制作用以及环境和栽培措施如土壤湿度和激素应用等制约而有变化，如苹果苗木水培试验，对根系适度修剪可促进其生长；而重剪则生长减少。

根据树势树龄的不同，修剪既可促进生长，又可抑制生长。对生长旺盛，花芽较少的树，修剪虽然促进局部生长，但由于剪去了一部分器官和同化养分，一般会抑制全树生长，使全树总生长量减少。但是，对花芽多的成年树，由于修剪剪去了部分花芽减少了营养消耗，反而会比不修剪的增加总生长量，促进全树生长。

必须指出，修剪在利用地上地下动态平衡规律方面，还应依修剪的时期和修剪方法而变化。在树体内贮藏养分最少的时期进行树冠修剪，则修剪愈重，叶面积损失愈大，根的饥饿愈重，新梢生长也愈弱，对整体、对局都产生抑制效应。如在培育速成苗时，当年梨砧提早在6月进行芽接，成活后立即剪砧，则因贮藏养分很少，又无叶片同化产生回流，致使根系严重饥饿，往往造成接芽萌发迟，苗木细而弱，对幼树生长产生巨大的抑制作用。对于生长旺盛的树，如通过合理摘心，全树总枝梢生长量和叶面积也有可能增加。

由此看来修剪利用地上部地下部平衡规律所产生的效应随树势、物候期和修剪方法、部位等不同而改变，有可能局部促进，整体抑制；此处促进，彼处抑制；此时加强，彼时削弱，必须具体分析，灵活应用。

(二) 调节营养器官与生殖器官的均衡

生长与结果这一基本矛盾，在果树一生中同时存在，贯穿始终。必须通过修剪进行调节，使双方达到相对均衡，为高产稳产优质创造条件。调节时，首先要保证有足够数量的优质营养器官；其次要使其能产生一定数量的花果，并与营养器官的数量相适应。如花芽过多，必须疏剪花芽和疏花疏果，促进根叶生长，维持两类器官的均衡；再次要着眼于各器官各部分的相对独立性，使一部分枝梢生长，一部分枝梢结果，每年交替，相互转化，使两者达到相对均衡。

（三）调节同类器官间的均衡

一株果树上同类器官之间也存在着矛盾，需要通过修剪加以调节，以有利于生长结果。用修剪调节时，要注意器官的数量、质量和类型。有的要抑强扶弱，使生长适中，有利于结果；有的要选优去劣，集中营养供应，提高器官质量。对于枝条，既要保证有一定的数量，又要搭配和调节长、中、短各类枝的比例和部位。对徒长旺枝要去除一部分，以缓和竞争，使多数枝条健壮以利生长和结果。再如结果枝和花芽的数量少时，应尽量保留；数量过多，选优去劣，减少消耗，集中营养，保证留下的生长良好。

三、调节树体的营养状况

整形修剪对树体营养的吸收、制造、积累、消耗、运转、分配及各类营养间相互关系都会产生相应的影响。

调整树体叶面积，改变光照条件，影响光合产量，从而改变了树体营养制造状况和营养水平。

调节地上部与下部的平衡，影响根系的生长，从而影响无机营养的吸收与有机营养的分配状况。

调节营养器官和生殖器官的数量、比例和类型，从而影响树体的营养积累和代谢状况。

控制无效枝叶和调整花果数量，减少营养的无效消耗。

调节枝条角度，器官数量，输导通路，生长中心等，定向地运转和分配营养物质。

第二节　整形修剪的原则

一、因地制宜，确定树形

因梨树栽培地理环境不同和栽植方式不同而确定不同的树

形。集约栽培用矮干整形，房前屋后庭园经济则可稍高定干。我国内地一般用疏散分层式，土质好的地区修剪不宜过重，山地丘陵则修剪要适当加重。

二、因树整形，随枝修剪

树有千姿百态，枝有千差万别。在一个梨园中，不可能找不到完完全全一个模样的树。因此，在梨树整形修剪过程中，切忌生搬硬套某种树形，应根据每棵树的生长发育的自然状况，因树修剪，随枝整形。在此基础上，幼树期，可尽量按照标准树形加以引导培养；进入结果期后，要以结果为主，整形为结果服务，就不要再过分强调标准树形。对于梨树生产者来说，所选择的树形最好具有以下几个优点：梨树能在短时期内尽可能迅速占领空间；树冠内通风透光条件好，有效叶面积比例大；早果、丰产性能好；以结果为主，整形为结果服务；整形技术相对简单，管理简便、省工。

三、合理的树体结构

树体结构对于整形修剪至关重要。梨树的骨干枝构成树体的骨架，担负着树冠的扩大、水分和养分的运输和果实重量的任务。树体结构中骨干枝数量应适当，过少时不能充分占领空间，光能利用率低，影响梨果产量。过多时易造成整形时间长，早期产量低；后期枝叶密集，通风透光不良，内膛枝变弱，导致果实品质低劣。通常大冠形树体骨干枝15～18个（其中主枝6～7个，侧枝9～11个）；中冠形树体骨干枝13～15个（其中主枝5～6个，侧枝8～9个），小冠形树体小主枝8～12个。梨树的大中冠形树体较高、树冠较大，为减少上部对下部、外围对内膛的遮光，骨干枝应分层配置。大中冠树主枝一般分两层，小冠树因树冠较矮小，可不分层。

梨树的大多数品种萌芽力强，易形成短枝，短枝开花结果后又形成1～2个果台枝。因此梨树易出现枝组过密、枝组内枝条过多的情况。即使骨干枝数量合适，也易因总枝量过大而造成局部郁闭。所以，修剪时还应控制单位面积的总枝量。各地研究结果和生产经验认为，为保证梨果具有良好的品质，在每亩产量2 500千克的情况下，冬季修剪后，每亩留一年生枝量3万～5万个为宜。

梨树主枝在中心干上的分支角度，对树体骨架的坚固性、结果早晚、产量高低和品质影响很大。主枝分支角度小，顶端优势强，出现主枝上部生长旺盛，形成上强下弱，难以形成花芽，影响树体产量；树冠内郁蔽，光照不良，果实品质差。相反，主枝的角度过大往往导致生长势弱，尽管花芽易形成，早期产量高，但容易早衰。通常梨树的主枝角度为70°，密植园可适当大些。

四、抑强扶弱，均衡树势

抑强扶弱，均衡树势的目的是通过对生长势的调控，实现树体与树体之间生长势的一致，树体上下部之间和树体各骨干枝之间的生长势平衡。对骨干枝之间的生长势要求：中心干强于主枝，主枝强于侧枝，侧枝强于枝组。需要加强生长势的可遵循：轻修剪多留枝，适当多短截以促进分枝数量，去弱留强，去下垂枝和平生枝、多保留斜上生枝，少留结果枝多留营养枝，适当冬季修剪少夏季修剪。相反，需要削弱生长势的应遵循：重修剪少留枝，多疏枝少短截，去强留弱，去直立枝多留水平枝、下垂枝和结果枝，推迟冬季修剪时间和加强夏季修剪，在夏季修剪时，可采取疏梢以减少枝叶量或采取环剥等措施。

五、调整好梨树营养生长和生殖生长的矛盾

在整个梨树生长周期中，始终存在着营养生长和生殖生长之间的矛盾。梨树营养生长过旺时，会造成形成花芽困难，梨树产量低，可通过轻剪长放、开张主枝角度等，促进树体从营养生长向生殖生长转化。梨树进入盛果期，营养生长明显转弱，应加重修剪

和较多的短截，促进营养生长，维持树体正常健壮，克服大小年。

六、扩冠与控冠相结合，保持树冠覆盖率

树冠覆盖率指树冠垂直投影面积与栽培面积之比。在一定范围内，覆盖率越高，产量越高。但覆盖率过高，树冠交接，树冠之间互相影响光照，会导致树冠内光照条件变差，果品质量下降。因此，幼树期应以扩冠为主，力争用最少的年限达到适宜的树冠覆盖率；成年树，当树冠超高超宽时，必须及时控冠，把它限定在一定的范围内。在普通梨园，树冠覆盖率以 70％～80％为宜；在机械化程度高的梨园，树冠覆盖率通常在 60％～70％。

七、有利于其他管理

整形修剪仅仅是梨树现代栽培管理的一个重要环节，为实现丰产优质，土肥水管理、花果管理、病虫害防治等缺一不可。因此，在整形修剪过程中，还要便于除草、施肥、灌水、授粉、疏花疏果、打药、采果等树上树下的管理，以及使用机械化操作。

第三节　整形修剪的时期与方法

梨树的修剪时期，分为休眠期修剪和生长季修剪。不同时期的修剪方法各有侧重，互相配合，取长补短，并且修剪作用和修剪后树体的反应也存在很大差异，因而不能相互替代。

一、休眠期修剪

休眠期修剪也称冬季修剪，指冬季梨树落叶后到翌年春季萌芽前的修剪。主要用于树形培养、树冠扩大、结果枝培养和辅养枝改造等。修剪方法主要有短截、回缩、疏剪、缓放等。

（一）短截

短截也称短剪，指将 1 年生枝剪去一部分，保留一部分的修

剪方法。根据枝条短截程度又可分为以下几种，其作用和目的各不相同。

1. 短截程度及其反应

（1）轻截　剪去 1 年生枝全长的 1/5～1/4，其剪口芽一般为弱芽或次饱满芽。剪后可缓和枝条生长势，增加中短枝的形成，促进花芽形成。梨树 1 年生枝轻截后，一般第二年即可形成花芽，第三年即可结果（图 7-1）。

（2）中截　在 1 年生枝上部最饱满芽处剪截，剪去 1/3～1/2。其作用为：发长旺枝能力强，中短枝少，生长势旺，利于长树扩冠。常用于骨干枝的延长枝头（图 7-2）。

（3）重截　在 1 年生枝中上部半饱满芽处下剪，剪去枝条全长的 2/3～3/4。剪后可发 1～2 个旺枝和中短枝，能减弱树势。用于培养结果枝组和缩短枝轴（图 7-3）。

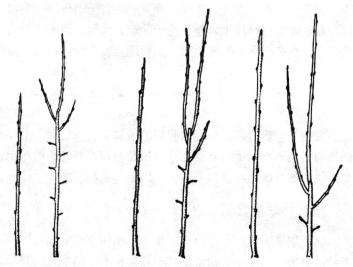

图 7-1　梨梢轻截及　　图 7-2　梨梢中截及　　图 7-3　梨梢重截及
　　　　其表现　　　　　　　　　其表现　　　　　　　　　其表现

（4）极重截　在一年生枝条基部留 3～4 个瘪芽后进行剪

截，称极重截。梨树枝条极
重截后，在基部抽生两个较
弱的分枝，或一强一弱的分
枝。有的枝条基部芽的萌发
能力差，由枝条着生的母枝
上的副芽萌发成较弱的枝条。
因此，梨树一般不进行极重
截。有人在梨幼树整形时，
利用极重截控制主枝或中心
干的长势，想以此来防止前

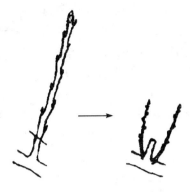

图7-4　梨梢极重短截及其表现

强后弱或上强下弱现象的出现，这是不正确的。

2. 短截的应用

（1）短截促分枝，培养树体骨架　梨幼树整形期间，树体骨
架的形成，包括主枝、侧枝等的培养，一般是通过短截来实现
的。以培养主枝为例，其基本过程如图7-5所示。

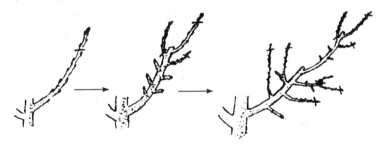

图7-5　通过短截培养主枝

通过短截，剪口下发生一个延长枝，一个竞争枝，下面发生
中、短枝。之后疏去竞争枝，对延长枝继续短截发枝。其下短枝
顶芽延伸的发育枝，也可经短截后培养成侧枝或枝组。

（2）促进营养生长，增强枝条或枝组的生长势　梨树短截
后，将贮藏养分集中供应给保留下的芽，使其萌生出发育枝，增
加枝叶量，因此，有促进营养生长的作用（图7-6）。当树势下

降时，对中弱发育枝进行适当的短截，可起到恢复树势的作用。但反过来，对旺树旺枝若短截过多，则更会促进旺长，不利于成花结果。

（3）利用短截培养结果枝组　生长较弱的枝条，可先轻截，发生分枝后回缩培养小型结果枝组（图7-7）。

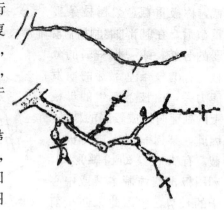

图7-6　通过短截增强枝条和枝组生长势

（4）利用短截改变枝条的延伸方向　剪口外芽，开张角度；若留上芽，可抬高枝条的延伸角度；若留侧芽，可改变枝条的延伸方向。

梨树修剪最常用的"里芽外蹬"来开张梨树骨干枝角度。方法：在梨树枝条上选择着生位置合适的芽，作为萌发延长枝的芽，在其上一个芽上进行短截。等到它发枝后，再将其剪除，保留所选芽发出的枝条，作为该骨干枝的延长枝（图7-8）。

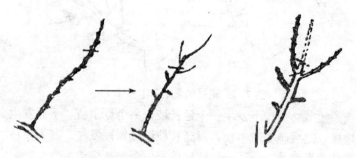

图7-7　先截后缩法培养结果枝组　　图7-8　"里芽外蹬"开张角度

（二）回缩

回缩又称缩剪，就是对多年生枝进行短剪。缩剪后，去掉枝量大，腾出空间多，能改善光照条件；同时刺激较重，有更新复壮作用。主要用于控制树冠和辅养枝，骨干枝或老树更新复壮，及改良树体的通风透光等。

1. 增大尖削度，使树体骨架牢固　通过回缩，将所留枝继续作骨干枝的延长枝，其分枝的粗度逐级减小，尖削度增大，因此骨架牢固（图7-9）。

2. 改变骨干枝或枝组的延伸方向　当骨干枝或枝组的延伸方向不适宜时，选留延伸方向适宜的分枝进行回缩，包括利用背下分枝开张角度（图7-10A）和背上枝抬高角度（图7-10B），以及延长枝伸展力方向的左右调整。

图7-9　回缩增加主枝削尖度和骨架牢固强度

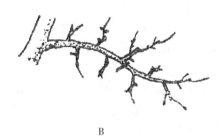

A　　　　　　　　　B

图7-10　回缩改变主枝延伸方向

3. 并生密挤枝回缩　盛果期的树，修剪不当时，常发生并生枝条密挤、交叉等情况，影响树冠内的通风透光，应将密挤枝适当回缩（图7-11）。

4. 恢复树体或枝组的生长势　当树势衰弱时，或枝条连年延伸拖拉冗长下垂时，选留壮枝进行适度的回缩，可以恢复树势或枝势（图7-12）。

图7-11　回缩控制交叉、重叠枝　　　图7-12　回缩复壮枝条生长势

5. 培养结果枝组　采用回缩手段培养结果枝组，如先放后缩法或大枝改造法等（图7-13）。

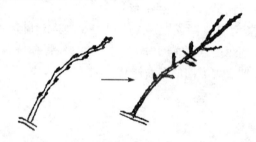

图7-13　先缓放成花，然后回缩培养结果枝组

6. 促进花芽发育，使花芽充实饱满　梨树的一年生发育枝缓放成花后，为促进花芽发育，使花芽充实，可在保留适当数量的花芽后，对其进行回缩。果农俗称"见花截"（图7-14）。

图7-14　"见花截"促进花芽发育使花芽充实

（三）疏剪

指将1年生枝或多年生枝从基部疏除。疏剪的主要作用在于

减少分枝，疏除过密枝、细弱枝、病虫枝、竞争枝，从而改善树冠内的通风透光条件，并能减少养分的消耗，恢复树势和保持良好的树形。

1. 疏背上旺枝和直立徒长枝，改善风光条件　背上旺枝占很大空间，枝势难控制。有时虽然上面有些花芽且质量较好，但保留下来负面影响较大，久而久之，形成"树上长树"的现象，严重影响树体的风光条件。因此，对背旺枝应及时予以疏除（图7-15）。

图7-15　疏除背上徒长枝改善　　图7-16　疏除梨树主干上妨碍
　　　　通风透光条件　　　　　　　　树形的旺枝

2. 疏乱生枝和过密枝，分布均匀　树体内部"穿膛枝"，影响结构，应疏除。主干上发生的整形部位以外的枝，要及时疏除，以防树形紊乱。当枝（组）出现拥挤和交叉重叠现象时，应疏缩配合予以解决（图7-16至图7-18）。

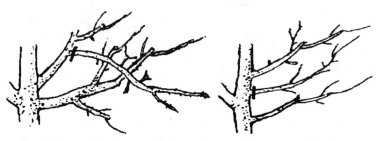

图7-17　疏除梨树的交叉枝和穿膛枝　　图7-18　疏除重叠枝

3. 平衡树势 上强下弱或前强
后弱时，要"抑上促下"和"抑前
促后"。即疏上部或主枝前部的大枝
与旺枝，削弱上部或主枝前部的长
势，再配以对下部或后部枝多截少
疏的修剪措施，能促进下部、后部
枝的营养生长。疏枝也可用于平衡
主枝间的生长势，即对长势强的主
枝多疏少截，而对长势弱的主枝多
截少疏（图7-19）。

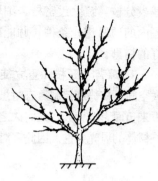

图7-19 通过疏剪平衡
树体生长势

4. 疏除弱枝，养分集中 梨树
树体内部萌生的弱枝、结果后萌生的弱果台枝和多年结果后形成
的弱枝组，可进行适当的疏除。短果枝群上有些弱芽（包括弱花
芽），也可疏间一部分。注意疏弱留壮（图7-20）。

5. 疏除竞争枝，保持延长枝优势 梨树骨干延长枝下发生
竞争枝时，应予以疏除，以保持延长枝的优势（图7-21）。

图7-20 通过对短果枝群弱化芽疏
剪促进养分集中

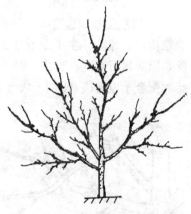

图7-21 疏除竞争枝保持主枝和
中心干延长枝的优势

（四）缓放

对一年生枝不剪不疏，任其生长，称缓放。缓放不剪，使养分分散在多个芽上，有缓和枝条长势，促进发育枝成花的作用。但是，枝条的着生状况不同，缓放结果也有差异。

1. 背上直立枝缓放　常常是顶芽萌发旺枝，继续延伸，其下萌发少量中长枝，再下面萌发短枝。直立枝缓放，增粗作用十分明显（图 7 - 22）。

2. 斜生中庸枝缓放　多是顶芽继续延伸，其下发生中枝，再下面形成较多的花芽（图 7 - 23）。

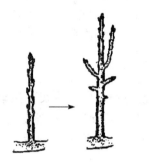 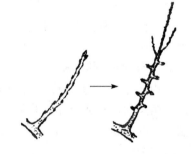

图 7 - 22　直立枝缓放　　　　图 7 - 23　斜生中庸枝缓放

3. 弱枝缓放　常是顶芽单轴延伸，其下形成大量花芽（图 7 -24）。

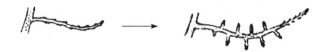

图 7 - 24　弱枝缓放

4. 内膛细弱枝缓放　多是顶芽发育充实，侧芽不明显。对其缓放后，若顶芽是花芽，则翌年开花结果；若顶芽是叶芽，则继续延伸，营养及光照条件好时可形成果枝（图 7 - 25）。

图7-25　内膛细弱枝缓放

二、生长季修剪

生长季修剪称叫夏季修剪，指春季萌芽后到秋季落叶前这段时期的修剪。生长季修剪处于枝梢生长变化期，能够随枝、叶、果实的生长情况及时调整和解决各种矛盾，保证生长结果的正常进行。所以生长季修剪已越来越引起重视，并从用工和时间上超过冬季修剪。这期间动用剪子较少，主要修剪措施为目伤和段刻、抹芽、摘心、拿枝、开角、环割等。

（一）目伤和段刻

指在芽、枝的上方或下方用刀横切皮层，使切口深至木质部。萌芽前，对缺枝部位的芽上目伤，可促进萌发新枝；为了抑制某芽的生长可下目伤。对长放枝每隔10厘米进行段刻，可促生短枝和花芽（图7-26、图7-27）。

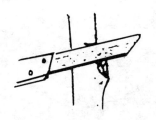

图7-26　刻　芽

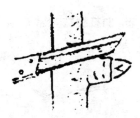

图7-27　刻短枝

（二）抹芽

枝干上的芽萌发后，及时将其抹除，称抹芽或除萌。抹芽多用于大枝剪锯口处、主干基部及其他非需要处发生的萌芽，以节省养分（图7-28、图7-29）。

图 7-28 大枝锯口除萌

图 7-29 主干基部除萌

（三）摘心

指当新梢长到适当长度时，以手或剪刀将新梢最先端的顶尖除去，一般长度为4～8厘米，并将剪口下1～3片叶剪留半叶。摘心的时间可根据摘心的目的而定（图7-30、图7-31）。

图 7-30 对幼龄树枝梢摘心，
促进枝梢充实

图 7-31 对果台副梢进行摘心
促进果实发育

1. 促进新梢侧芽的发育 如果新梢任其自然生长，养分多集中在顶端生长点，下部的侧芽往往发育不良。摘心后，新梢暂停生长，养分集中在已形成的新梢组织内，侧芽发育饱满充实，翌年可萌发较多的中短枝。

摘心的时期，当新梢长 20～25 厘米时，进行第一次摘心，摘心后发出副梢，当副梢长 10 厘米时，再进行第二次摘心。

2. 促进结果枝组的形成　1 年生枝开春萌发多个新梢，往往上部形成强枝，下部形成弱枝。当上部强枝的新梢长 20～25 厘米时进行摘心，可以抑制强枝的生长，下部弱枝就可以得到充足的养分，有利于形成结果枝组，而且这些结果枝组靠近主枝。

3. 调节主枝的生长　幼树整形过程中，强旺主枝到了一定长度进行摘心，能促进其他较弱的主枝生长，从而使各主枝间发育平衡。另外，对细长的主枝摘心后，可使其充实饱满。

4. 促进果实肥大　新梢摘心后，使更多的养分集中在果实上，促进果实发育。

（四）开角和变向

梨树极性生长较强，冬季枝条较硬，5～6 月枝条变软时，可通过拉枝、撑枝、坠枝、别枝等方法，千方百计将枝条改变方向和开张角度。

1. 拉枝　用塑料绳、麻绳等一端绑上木桩楔入地下，另一端拴在骨干枝适当部位，将其拉开一定的角度，经过一个季节的生长，待角度固定时，再解除拉绳（图 7-32）。

2. 撑枝　新栽幼树枝条极易直立并抱团生长，可用牙签在枝条基部撑开。或用竹子做成相当于织毛衣粗细的针，长度 7 厘米，两端极尖，在分枝基角处，扎入树皮固牢（图 7-33）。

3. 别枝　将背上直立旺枝卡别在其他枝条上，使其改变方向。或用 8 号铅丝，15 厘米长，弯成 W 形，别在新梢基部（图 7-34）。

4. 坠枝　用编织袋等装上适当重量的土，挑挂在一年生枝条上，将枝条拉平（图 7-35）。

图 7-32　拉　枝

图 7-33　撑　枝

图 7-34　别　枝

图 7-35　坠　枝

　　注意事项：第一，梨树硬脆，冬季拉枝易折断。春季拉枝易使后部萌发徒长枝。夏季拉枝，对萌发的新梢来说尚未木质化，且拉时易从基部劈裂。而秋季枝梢基本木质化，而且气温较高，易于拉开。因此，秋季是梨树最佳的拉枝时间。第二，绳索一般应绑在被拉枝前部处，使拉后该枝弯曲部位在后部处，且前部成直伸状态。第三，拉枝时绳索绑缚不宜过紧。要防止枝干增粗后绳索挤进皮层。最好在绑缚部位先包一层胶垫或纸垫。另外，对于已经木质化的较粗的枝，特别是分生角度较小时，为了防止拉枝时造成劈裂，可在进行前先将被拉枝捋一下，使之软化，然后再拉（图 7-36）。

　　梨树一般不进行扭梢、环剥和环割。枝梢木质较脆，扭梢时

143

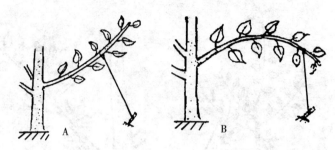

图 7 - 36　拉枝正确（A）与不正确（B）

易扭断，故不宜使用。梨树萌芽力高，采用正常的修剪管理措施，特别是拉枝开张角度，缓和树势，只要不是剪截过重，则幼树一般很容易形成足够的花芽，可以正常进入结果期。因此，没必要采取环剥（割）这种促花办法。

第四节　不同树龄的修剪技术

一、幼年期修剪

从整形开始，就应采取以整形为主的提早结果的修剪方法，使之早结果，以果压树，控制树冠过大。一般 3～4 年即结果，4～5 年即有相当产量，7 年左右即成形。有些开始结果晚的品种及生长易旺的树，如蜜梨、明月、康德、胎黄梨等，对旺枝要进行环剥、拉开，再夏季修剪，以使提早结果。密植树更要使其早结果。为了形成较早较多的枝叶，在开始一二年要多短截，使之多发枝，然后采用促使结果的各种措施，第三、第四年即可见花结果，并加强肥水管理，使树有一健壮基础。

由于多留多放，留用枝很快分化，在零乱多枝的树冠中，根据骨干枝的安排，逐步选留大中型枝组，小型枝组随大中型枝组的安排，见缝插针的留用，逐渐疏去不必要的枝。在整形过程中，不宜留果过多，要留有余地。就一个枝来看，确定要疏的，充分长放，使多结果后疏去。确定改小的，应适当多放，使其担负较多果实后回缩改小，才不致压而不服。对大辅养枝，要为主枝逐年让路，应分年回缩，根据大枝发展，边看边利用边回缩，甚至有时缩了又放。但培养大中型枝组的，要尽量使其少结果，放少截多，保证壮枝壮芽当头。如弱枝组和要以小改大的枝组，要长放养枝，不让结果，放一二年养壮后再行缩截。反之强旺枝，则先截后放，截后所发的枝，要延伸的再短截，其他枝再放使之结果，预备枝按强弱短截，要量枝留，留有余力，保持稳健长势，而不致和分枝间强弱悬殊，轴枝粗壮而分枝瘦弱，成为单轴延伸分枝很少的大枝组，因此这种大枝组培养过程中允许结果的枝，都是要回缩的原带头枝，或基部中庸枝，或准备改为大枝组中拟培养小枝组的枝。随着定型枝的增多而结果增多，以后放放缩缩，截、放、缩结合，时抬时压，控制当年挂果过多，以延缓衰老。

梨的短果枝群一般每年可分两叉，为培养健壮短果枝群，要每年留壮去弱，一个短果群应在三五年才培养完成，最多不宜超过5个分叉枝。以后每年留壮芽结果，一个短果枝群，不宜超过2个挂果枝。

梨树成花较易，一般长放后都能成花，而梨树发枝少，所以一定要控制结果，保证枝叶量增加。在整形过程中要迅速增加枝叶量，在枝量足够的基础上，既不宜长放过多，又不宜短截过多。在以短截回缩为主、修剪较重的情况下，鸭梨 4~12 年生，9 年累计干截面积增长了 181.69 厘米^2，株产累计 734 千克；而在多留长放、骨干枝延长枝短截、非骨干枝为骨干枝让路重短回缩情况下，鸭梨 9 年累计干截面积增长了 225.77 厘米^2，株产累计 1 262.25 千克；而在 4 年整形后不修剪情况下，鸭梨 9 年累计干截面积增长了 225.17 厘米^2，株产累计 1 757.93 千克。同时，在 3 种不同修剪情况下，叶面积、总枝量和单果重亦不同，其中，以 4 年整形后不修剪情况下的叶面积、总枝量最大，但单果重最小；而在多留长放、骨干枝延长枝短截、非骨干枝为骨干枝让路重短回缩即轻重结合修剪情况下，各项测定项目都比较适当。

一般乔化树，要求亩产达 3 000 千克以上时，则平均每株总枝量要求达到 2 500～3 500 个，每亩总枝量在 7 万以上，叶面积系数 3.5 以上。发枝力弱的，长梢应占 10% 以上，亦不宜超过15%（如鸭梨等）。发枝力强的，不宜超过 20%（如茌梨），一般要求保持 14% 左右。长梢不宜集中分布于外围，而要求前、中、后都有。后部留下的长梢，要每年短截，交替留放、留截，保留长梢位置。从这些长梢的生长，可反映出后部光照营养状况，从而改进修剪。对短果枝寿命短的，不易自行更新品种（如茌梨），还要适当多留几个后部长梢，以备更替衰老的短枝。对于那些早期易形成短果枝及短果枝群结果的品种，常常表现早期丰产，年年结果，雪花梨、鸭梨、日本梨的多数品种，特别是祇园等品种即是如此，要特别重视树冠发育、枝叶量基础，控制挂果量，每一短果枝群留一壮花芽结果，其他芽可去花留叶。一定要为丰产打好基础。

二、盛果期修剪

盛果期的修剪，应注意下列几点：

①盛果期的各骨干枝，在封行以后，尤其是密植树，枝梢容易上翘，造成前旺后弱，内膛早光秃，所以在树冠封行后，可不留延长枝，而用延长枝下的斜生枝代替顶梢。总之不使外伸。为防止前旺，可在旺处适当疏枝，换开张枝为延长枝。或适当挂果以控制。盛果期如在主侧枝前部挂果，则枝头逐渐下垂，生长转弱，这种情况可换斜上枝为延长枝，抬高角度。也可用在主枝下垂后由弓背处自然发生的斜上枝，培养向外延伸成主枝，原下垂部分，使成为裙枝，以增加产量。当内膛新梢短截

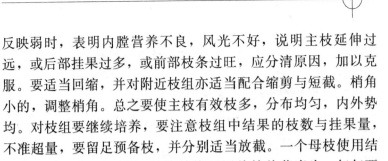

反映弱时，表明内膛营养不良，风光不好，说明主枝延伸过远，或后部挂果过多，或前部枝条过旺，应分清原因，加以克服。要适当回缩，并对附近枝组亦适当配合缩剪与短截。梢角小的，调整梢角。总之要使主枝有效枝多，分布均匀，内外势均。对枝组要继续培养，要注意枝组中结果的枝数与挂果量，不准超量，要留足预备枝，并分别适当放截。一个母枝使用结果 6～8 年，即要更新。枝组始终要用壮枝壮芽当头，年年要使发新枝。枝组间要计划安排好，用轻缩，短期息枝和适当多截，多放、以保持各枝间的生长结果关系协调，使保持有较耐久的生产能力。盛果期中一般采取内膛多截，弱枝长放养壮再截，外围多疏，中前部适当多留果的修剪办法。后部留用的预备新梢，要分批短截，此放彼截，保证每年有一定新梢数，以备更替内膛衰老枝组。特别是自身不易更新复壮的枝，必需利用附近长梢来填补，更要注意保留新梢。梨树修剪反映不及苹果敏感，一般不易发生跑条，长放可很快结果，短截即可改成枝组。

　　②梨树进入盛果期，一般修剪量不大，主要用留花果的三套枝修剪。对容易年年结果的树，注意结果枝的周转和留壮去弱。对短果枝中容易形成花多叶少的品种，留壮花芽结果，其他破芽剪，或翌年萌芽至花蕾分离时，疏去花序留叶。所有枯枝、瘦弱枝都应疏除。

　　③盛果期的梨树容易形成花芽，对有大小年的树，小年中，长、中、短枝上几乎都有花芽的品种，如短果枝量足，周转亦够，则对着生腋花芽的长中果枝，不留花短截或剥去花芽，特别是当头枝，在一般情况下，要剥去花芽，进行短截，以保证枝的生长势力。由于养分分配的局限性，挂果不宜集中在少数大枝上，实行大枝轮流息枝。如果部位过于集中在某些或几个大枝上，这样伤枝伤树，产量低，果小品质亦差。所以一定要使挂果部位均匀分布。

第五节　常用树形结构

一、自由纺锤形

该树形适于密植梨园。一般行距 3.5～4 米，株距 2～2.5 米，每亩栽植 67～95 株。

（一）树体结构

树高不超过 2.5～3 米，干高 60 厘米左右。在中心干上着生 10～15 个小主枝。从主干往上螺旋式排列，间隔 20 厘米左右，插空错落着生，均匀伸向四周，同侧 2 个小主枝间距 50 厘米左右。小主枝与主干的夹角 70°～80°，在小枝组上直接着生小结果枝组，小主枝的粗度小于着生部位主枝的 1/2，结果枝组的粗度不超过小主枝粗度的 1/2。

（二）整形修剪

定干高度 80 厘米左右，中心干直立生长。第一年，在中心干 60 厘米以上选 2～4 个方位较好、长度在 100 厘米左右的新梢，在新梢停止生长时进行拉枝，一般拉成水平状态，将其培养成小主枝；冬剪时，中心干延长枝剪留 50～60 厘米。第二年以后仍然按第一年的方法继续培养小主枝，小主枝上离树干 20 厘米以内的直立枝疏除，其他的根据培养枝组的要求通过扭梢等方法使其变向，无用的疏除；冬剪时中心干延长枝剪留长度要比第一年小，一般为 40～50 厘米。经过 4～5 年，该树形基本成形，中心干的延长枝不再短截。当小主枝已经选够时，就可以落头开心。为保持 2.5～3 米的高度，每年可以用弱枝换头，维持良好的树势，并注意更新复壮。

二、小冠疏层形

该树形是梨树生产中常用的树形之一，多用于中度密植梨园。一般株距 3～4 米，行距 4～5 米，每亩栽植 35～56 株（图 7-37）。

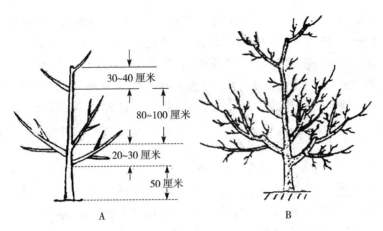

图 7 - 37　小冠疏层形树体结构（A）和树形（B）

树体结构：树高 3 米左右，干高 60～70 厘米，冠幅 3～3.5 米，树冠呈半圆形。第一层主枝 3 个，层内距 30 厘米；第二层主枝 2 个，层内距 20 厘米；第三层主枝 1 个。第一层与第二层主枝间距 80 厘米左右，第二层与第三层主枝间距 60 厘米左右。主枝上不配备侧枝，直接着生大、中、小型结果枝组。

三、斜式 Y 形

斜式 Y 形以树形结构简单，光照条件好，容易培养，易于矮化密植，树体矮小，管理容易等特点，在陕西省礼泉县应用较多。适合于株距 1.5 米，行距 5 米，亩栽 85～95 株的密度栽培。其树体结构是：主干高 70 厘米。二主枝开心形。主枝腰角 70°，大量结果时达 80 度，二主枝与行向斜交成 45°角左右，主枝上直接着生中小型结果枝组。

四、倒伞形

倒伞形树高 2.5～3 米，主干高 50～70 厘米，仅保留第一层主枝 3～4 个，整形过程与小冠疏层形相似，但主干略高于疏散分层形，不配备第二层主枝，第一层主枝以上的中心干均匀配备大、中、小结果枝组，但以中、小结果枝组为主，严格控制大型枝组的数量。成形的树冠冬季修剪后看起来像一把倒立的伞，因此称为倒伞形。该树形光照条件好，上部枝条对下部影响小。整形时对于中心干上的枝条，除三大主枝延长枝短截促发分枝外，中心干上的其余枝条均作辅养枝进行拉枝、缓放成花，结果后改造成中、小型枝组。

五、多主枝开心形

树高 3.0 米，干高 60 厘米，主干上配备 4～5 个主枝，主枝开张角度 50°～60°，其上直接着生中小枝组和短果枝群，无中心干。适宜密度为 3～4 米×5～6 米。该树形树势均衡，通风良好，但要防止主枝角度过大和控制基部徒长枝。

六、棚架形

梨棚架（亦称水平棚架或水平网架）栽培，是日本、韩国等国家普遍采用的一种梨树栽培方式。20 世纪 90 年代初期我国从日本引进与试验推广以来，棚架梨栽培发展较快。

（一）棚架搭建

日本棚架通常用钢管吊柱式。考虑到建园成本，我国棚架一般采用水泥柱搭建，然后用铁丝拉成网格状的平棚。目前我国梨棚架多采用这种架式，搭建技术也已成熟，应用广泛。见图 7-38

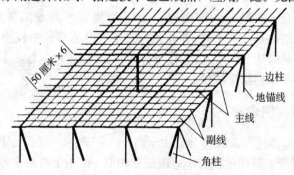

50 厘米×6

边柱
地锚线
主线
副线
角柱

图 7-38　棚架搭建的架式

1. 搭建时间 采用水平棚架栽培的梨树，在定植后第二年冬或第三年春季进行。过早，建园材料利用率低；过晚，则不利于上架。棚架规格与材料：棚架面离地高度要根据梨园管理者身高而定，一般为1.8～1.9米。棚架梨园水泥柱的规格因作用不同有下面几种规格：角柱，立于梨园四角，规格为15厘米×15厘米×340厘米；边柱，立于梨园四周，规格为12厘米×12厘米×330厘米；支柱，立于梨园内果树行间，规格为8厘米×8厘米×265厘米。水泥支柱顶端纵横各留1个小孔，用于网面上钢绞线和铁丝的穿引。四周沿周边柱拉周边线，规格为25毫米²的钢绞线；园内用主线和副线拉成网状，主线为8号镀锌铁丝，副线为12号镀锌铁丝。如有条件可选用塑钢丝，这种钢丝使用年限长，但成本较高。

2. 埋设预埋件（地锚）

预埋件可以是50～60千克的石块或混凝土块上绑扎铁丝或细钢筋伸出土外，深1米，周边柱地锚重量加倍。地锚埋设见图7-39。

3. 立角柱，拉周边线

将角柱的底端插入土中，角柱插入土中深度以柱顶端的铅垂线正好落在角顶点处，垂直高度调试为1.8～1.9米，再用25毫米²钢绞线作周边线穿过角柱顶端的预留孔，分段将周边线用紧线器收紧固定。立边柱、拉主

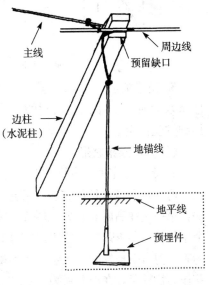

图7-39 地锚埋设

线：周边柱呈45°角外倾，顶端向下垂直拉1根钢绞线与地锚相连，垂直高度1.8～1.9米，将边柱固定在周边线上，再与对应

边的边柱用 8 号镀锌铁丝连接收紧，形成水平架的网格主线。

4. 立支柱　棚架中间对主线的每个交叉点立支柱支撑，支柱留棚面净高 1.8～1.9 米，将铁丝顶起，多余部分埋入土中，土中用石块或预制混凝土作垫石，防止下陷。支柱上预留有多余的钢丝，将其反折固定主线交叉点，并从支柱上面预留孔拉细铁丝加固主线交叉点。为避免立柱太多影响田间操作，早期可隔行隔株立柱，盛果期后果实负载量大时再增加立柱，见图 7-40。

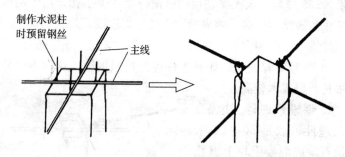

图 7-40　水泥支柱上预留钢丝及主线的固定

5. 网格加密　用 12 号热镀锌铁丝，上下穿行，纵横拉成 50 厘米×50 厘米方格网。铁丝的安装要用紧线器，主网线之间要用细铁丝固定。

（二）棚架梨整形

1. 定干　定植后进行定干，定干高度 1.2 米左右，在饱满芽处下剪。如果苗木长势较弱不够定干高度，应采取分步定干的方法，第一年在高度 50～70 厘米处选择饱满芽定干，萌芽后留 1～2 个生长枝，冬季落叶后选留其中的 1 个壮枝按标准高度正式定干。为确保剪口下抽发的枝条生长势均衡，一般定干时剪口下的 1～2 芽作为牺牲芽，在枝条萌发后抹去，以削弱顶端优势，促进下部芽抽发长势均衡的主枝。这是获得树势均衡主枝的重要途径。

2. 整形　定植后第一年选择主枝后备枝。在 3 个主枝的树形中，要求选择互成 120°角的 3 个健壮枝作主枝。主枝之间不能太靠近，至少要有 7～8 厘米间距。新梢伸长到 50～60 厘米时，与主干成 45°角设立竹竿支架，将新梢诱引开张。第二至三年，在主枝基角开张的前提下，注意抬高梢角，一般可呈 90°角直立诱引，有利于新梢伸长，见图 7-41。

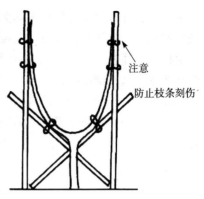

生产中常见的问题是主枝基角开张后，主枝先端没有抬高，导致背上枝抽发，

图 7-41 主枝的诱引

影响主枝向外延伸。一定要控制早期产量，做到上架前骨干枝上不要结果或少结果，以促进营养生长，确保树体先端生长势。棚架整形时要强调主从分明。骨干枝上临时枝或非骨干枝的粗度或生长势超过骨干枝时，应从基部去除。第一侧枝选留位置应在距主枝分杈处 1 米的地方，且位于主枝侧面，生长势宜为主枝的 3/7。

3. 棚架梨修剪

（1）主枝、侧枝先端的修剪 由于棚架栽培方式将主枝绑缚于架面生长，主枝先端生长势很容易弱化，后部易长出徒长枝，因此，对棚架梨主枝、侧枝先端修剪前，首先要对其后的徒长枝进行删除。主枝或侧枝先端必须保持优势，一般在饱满芽处短截，并使枝条延伸角度尽量抬高。不少棚架梨园将先端延长枝拉平处理，结果导致主枝先端衰弱而后部背上枝多。

徒长枝、基部强枝、过密大枝和对生枝的处理：棚架梨徒长枝多，如何控制和利用好徒长枝是棚架梨修剪的一项重要任务。棚架形修剪时，除疏除过强的、扰乱树形的徒长枝外，对于生长势相对中庸的背上徒长枝要及时拉枝诱引，将其改造成为结果枝组，以充分利用空间，提高早期产量。但要注意主枝基部徒长枝过多会直接导致主枝、侧枝先端变弱，先端变弱时要加强基部强枝条的疏枝，让更多的养分向先端运输。此外，基部过密大枝和对生枝会与主枝、侧枝先端竞争养分，导致主枝、侧枝先端变弱，要逐步从基部疏除。

（2）结果枝的培养与修剪　棚架梨一般可分为短果枝结果、长果枝结果和更新枝结果3种类型，不同类型的结果枝的修剪与利用见图7-42。

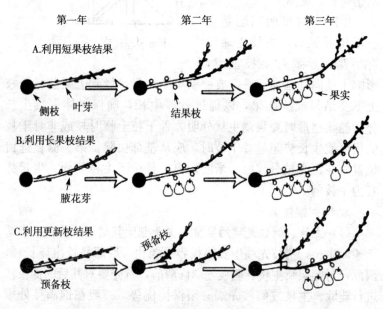

图7-42　结果枝的培养及修剪

为了生产优质梨果，应多培养青壮年结果枝，结果枝龄一般不超过4年，要注意结果枝组的更新与培养。结果枝要绑缚在架面上结果，绑缚时要注意不要呈弓形。

（3）夏季修剪　由于棚架形枝条呈水平生长，锯口、骨干枝基部及背上都容易长出徒长枝，应及时抹去。对于当年的营养枝，为促进其形成花芽，可于新梢停长后进行与水平呈60°角诱引。

<h1 style="text-align:center">第六节　以小冠疏层形为例介绍
梨树整形过程</h1>

一、定干和刻芽

梨苗栽植后，即对苗干留 60 厘米左右后进行剪截，剪口下要有 6～8 个饱满芽。高度壮芽，定干后萌芽前，将剪口下第3～5 个芽刻芽。梨苗定干后，其成枝力较强的品种，剪口下可发生 3～4 个中长枝，可选出中心干、主枝。但梨大多数品种仅能发生 2～3 个中长枝，故需刻芽。若不刻芽，则由主干上的短枝延伸成长枝以形成足够的基部主枝数。但其形成时间要晚一年，易造成主枝间生长势不平衡。

二、第一年生长季节的管理

新梢萌发后，于5～6 月新梢半木质化时，对中长梢进行摘心（图 7-43），以促进新梢充实，芽体饱满。摘心后，可发生副

图 7-43　摘　心

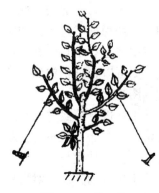

图 7-44　拉　枝

梢分枝,其生长良好者可加以利用。为平衡主枝间的长势,可于第一年秋季,对角度小、长势旺的主枝,进行拉枝,使其基角达到60°左右(图7-44)。这样,经过10月的小阳春天气,一般到冬季时主枝的基角即可固定。但要注意,拉枝角度也不可过大,否则,会增加中心干的长势,加剧上强下弱现象的发生。

三、第一年冬季修剪

定干后剪口下发出的第一枝和第二枝,选择其中生长中庸的一个作为中心干。另一个若过旺,则予疏除,将以下的分枝选作主枝。对选留的中心干和主枝进行短截,以促进生长和分枝。剪留的长度,视中心干和主枝的生长情况而定,不可一味强调绝对的尺寸。一般对生长势较强的中心干或主枝,剪去顶端的个芽,对生长中庸的主枝,则剪去顶端个芽即可;切忌剪截过重。如中心干或主枝上有生长较充实的秋梢,则可以在秋梢饱满芽处剪截(图7-45)。

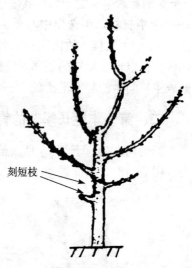

刻短枝

图7-45 第一年的冬季修剪

主枝进行剪截时,要注意对剪口芽留外芽,或采用"里芽外蹬"的方法开张角度。对主枝数不足的幼树,可采用刻短枝方法,促进抽生长枝。不要采取重截中心干促使基部芽萌发、补足主枝数的方法。对夏季摘心所形成的副梢,则可作辅养枝处理。

四、第二年冬季修剪

经过第一年冬剪后，第二年一般会从中心干和主枝剪口下萌发一个延长枝，一个竞争枝，一个中长枝以及一些短枝。第二年冬剪时，一般对延长枝继续按第一年冬剪的方法剪截，疏除竞争枝，对剪口下第三枝作适当剪截，以将其培养成侧枝。第二年冬剪时，要注意对上一年短枝上促生的长枝，进行短截培养，使之形成足够的主枝数量（图7-46）。

图7-46　第二年冬季修剪

五、第三年冬季修剪

对延长枝和竞争枝的处理方法与第二年的相同，要选留第二侧枝短截，同时在中心干上距第一层主枝约80厘米处，选出第二层主枝2个短截修剪。第三年，一般枝条迅速增加，主干原整形带上、中心干上以及主枝的中后部萌发的一些短枝，多抽生出长枝，也会在主枝背上形成一些徒长枝。对这些枝，应进行妥善处理。除背

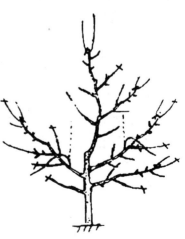

图7-47　第三年冬季修剪

上旺枝和过于密挤者外，要尽可能多地保留，将其培养成辅养枝或不同类型的结果枝组。背上旺枝可予疏除，若有空间，也可将其别下变向，培养成结果枝组（图7-47）。

六、第四、第五年冬季修剪

第四、第五年，梨树树体结构基本形成。在密植条件下，株间多已交冠封行，一般进入了结果期。这时的冬季修剪，主要是调整骨干枝的角度和方向，平衡主枝间及上下层间的树势；对内膛枝继续实行轻剪缓放，促进成花结果，控制树势，大力培养各种类型的结果枝组；对外围延长枝实行缩放结合，控制伸展范围；特别

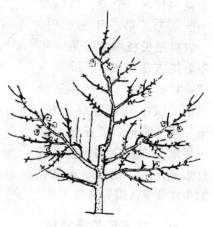

图7-48　第四、五年冬季修剪

是对株间生长的大枝，要有缩有放，避免交叉重叠，疏除密挤枝和背上大枝，改善树体的通风透光条件（图7-48）。

七、小冠疏层形的整形要点

①轻剪缓放。
②冬夏剪结合。
③充分利用短枝抽发的长枝进行整形。

第八章

梨花果管理技术

第一节　人工辅助授粉

一、人工辅助授粉的原因

①梨属于异品种授粉才能结实的树种，除了金坠梨等品种外，梨的绝大多数品种自花不实，或自花结实率极低。这就是建园时配置授粉品种的根本原因。

②由于花粉是借助微风和蜂虫作媒介传授的，当花期遇有大风、干热风沙、多日阴雨、花期低温、霜冻等不良天气时，影响蜂蜜等昆虫的活动，或花柱头受干热沙土所伤，柱头黏液上粘满沙土，或高温使柱头干褐，或低温冻死花器，都会使授粉不良，降低坐果率，或造成有花不实的局面。梨花白色，蜜源少，蜜蜂不喜欢采落。

③梨的花粉细胞是第二年春2～3月才开始形成的，在上一年是大年的或秋季管理差的梨园，由于贮藏养分不足，致使下一年花粉发育不良或败育。即使栽有授粉品种，也会出现自然授粉坐果不多的现象。

④在梨树管理中，即使配置了授粉树，也应采取人工辅助授粉，特别是移栽后第二、第三年幼龄结果树，因授粉树枝叶生长量不足，花粉量也少，还满足不了自然授粉的需要。就是在栽后第四、第五年以上的梨树遇上自然授粉不利的年份，做人工辅助授粉，坐果率可提高1～5倍，实收产量增加1.5～4倍。近年来，不少亩产5 000千克的高产梨园都普遍采用了人工授粉的先

进技术。

二、花粉的采集

(一)采花

采花时,花多的树多采,花少的树少采;弱树多采,旺树少采;树冠外围多采,中部和内膛少采;花多的枝多采,花少的枝少采;梨树先开边花,采粉时应采中心花留边花。采花要采大喇叭状(气球状的花)花苞,或当天开的花或开后第二天的花,即采雄蕊上的花药为粉红色的花,每朵花上的雄蕊有 20 枚,花药 20 枚。切忌采花药已变为黑色的花,因这种花其花粉已散失。

(二)取粉

1. 人工取粉 最好用镊子将采回的花朵上的花药基部夹着取出放在清洁的菜盘或其他容器中,尽量避免花瓣、花丝落入容器中;也可用两手各拿一朵花,花心相对相互摩擦,将花药、花丝、花瓣全擦落到纸上,清除花瓣和花丝,将花药薄薄地摊在白纸上,置 25℃左右的清洁温室内晾干,一般两昼夜花药即开裂,散出黄色花粉,可以使用。并将花粉存放在凉爽干燥处备用,切勿受潮湿。

2. 取粉机取粉 梨园面积大,需要大量花粉时,可用延边农学院制的花药脱药机,脱药时,先筛出花瓣、花梗等杂物,然后薄薄地摊在清洁而光滑的白纸上,并用光连纸或蜡光纸盖好,用大的羽毛,每 4～5 小时翻动一次。放在 23～25℃的温室中经过 28～40 小时的阴干,热源可用电热风机升温或用红外线 250瓦的电灯泡升温。避免阳光暴晒。湿度不高于 80%,如果湿度高于 90%以上,成熟的花粉会吸收大量水分,在 2～4 小时内就会发芽而失去授粉作用。当干燥使花药壳变为黑色时,花粉即大量散出,用手一沾全是黄粉即可。

3. 最好用人体加温干燥法 这种方法既经济又实用,特别适合广大农户用。具体做法是:将制好的花药用清洁的打字纸,或光连纸或蜡光纸包好放入贴身的内衣包中或用纱布条捆扎在肚腹上，或放扎在裤腰带内夹着贴身加温干燥 8～12 小时即可使花药壳变黑让花粉散出来备用。

三、授粉时期

梨开花期的气温在 15～17℃，有微风条件下授粉效果好。就一朵花而论，在开花 3 天内授粉坐果率较高，达 80％以上，其中当天开花当天授粉坐果率达 95％以上。开花第四、第五天授粉坐果率在 50％左右，第六天授粉坐果率只有 30％。盛花初期，即 25％的花已开放，转入人工点授，此期为花序边花的第 1～3 朵，争取在 2～3 天内完成授粉工作。

四、授粉方法

（一）引蜂传粉

适于授粉树占 20％以上，并配置均匀的梨园，为提高坐果率，可从外地引入蜂群，每 10 亩地放入 1 箱蜂。

（二）人工点授

人工点授法是指开花时用写字铅笔的橡皮头、毛笔等蘸取花粉去点授，授粉时把蘸有花粉的铅笔的橡皮头向花的柱头上一碰轻轻擦就行（每朵花有 3～5 个柱头，柱头分泌有沾液易沾花粉），优先选粗壮的短果枝花授粉，再授其他花枝。花量大的树，每花序只点授 1～2 朵花，花量小的每序授 2～3 朵花，不利天气时，全部点授。

（三）花粉袋授粉法

将采集的花粉加入 2～4 倍滑石粉，过细罗 3～4 次，使滑石粉与花粉混匀，装入双层纱布袋内，将花粉袋绑在竹竿上，在树上振动撒粉。

（四）挂罐插枝及震花枝授粉

在授粉树较少或授粉树当年花少的年份，可从附近花量大的梨园剪取花枝（冬剪时不剪取，留着开花时剪取作授粉用）。花期用装水的瓶罐插入花枝，分挂在被授粉树上，并上下左右变换位置，借风和蜜蜂传播授粉，效果也很理想。为了经济利用花枝，挂罐之前，可把花枝绑在竹竿上，在树冠上震打，使花粉飞散，震后可插瓶挂树再用。

（五）快速鸡毛点授法

用鸡的软绒毛，绑成绒球，在1～2米长的竹竿前绑一8号铁丝的弯拐头，再绑上绒毛球。一手拿装花粉的罐头瓶，一手拿绑有绒毛球的竹竿，绒球每蘸1次粉可点授50个花序，每个花序只点1～2个边花即可。

（六）鸡毛掸子滚授法

把事先做好或买入的鸡毛掸子，先用白酒洗去毛上的油脂，否则不容易沾上花粉，干后绑在木棍上，先在授粉树行花多处反复滚沾花粉，然后移至要授粉的主栽品种树上，上下内外滚授，最好能在1～3天内对每树滚授2次，效果最可靠。此法适用于成片的大面积梨园。

第二节　疏花疏果

一、合理负载量的确定

衡量适量的标志应当有3条：一是果个大小应达到该品种的商品果规格；二是又能形成下年够用的花芽数量（30%～40%以上）；三是树势长相壮而定，不过弱又不过旺。这3条只有待到秋后才见分晓，疏果时尚难确定。与适量留果的相关因素很多，诸如栽植密度、品种丰产性能、树龄、树势、个体差异、土肥水管理水平及技术水平等，这些因素都制约着负载能力和留果量。

以往的大量试验，总结出多种确定负载量的方法。诸如叶果比法，即多少张叶片留1个果；枝果比法，即几个枝留1个果；

干周及干截面积留果法，即 1 厘米干周或 1 厘米² 干截面留几个果等，并总结出各自的单株留果量公式。这些方法及公式，在道理上是合理的，讲得通的，用于搞少量几棵树的试验调查时，能说清问题即可。但在大面积生产中实际操作时，有很多困难。因为实际疏果时，谁也不可能去数几片叶留 1 个果，几个枝留 1 个果；或 1 厘米（1 厘米²）留几个果。

把以上各种方法试验总结出的留果量数据，综合起来应用，对生产还是有参考价值的。例如，试验指出，在正常管理条件下的 4 年生密植梨树，大体上是干周约为 20 厘米，单株总枝量 500 个左右，新梢长度 70 厘米左右，叶面积系数 2 左右。这个树龄，只要达到这个树相水平，单株负载能力可定为 7～10 千克，亩产量可定为 500 千克左右。壮树（枝）多留些，弱树（枝）少留些。

当 5～7 年生，干周达 25～30 厘米，单株枝量达 600～1 000 个，新梢长度 50 厘米左右，叶面积系数在 3 左右时，则需注意适量留果。单株留果量定在 30～50 千克。这样，亩栽 44～66 株的密植园，亩产可达 1 500～2 500 千克。以后进入盛果年龄时期，也不主张追求亩产 5 000 千克的高指标，控制在 3 000～4 000 千克即可。提倡在优质的前提下谈丰产，优、稳、壮才是今后的栽培目标。上述数据只可作为参数用，因园与园、树与树之间千差万别。用它作参数，对照自己果园的实际状况和历年的产量水平，确定出的负载量才合实际。没有最好，只有较好，近乎合理就可以了。

二、疏花疏果技术

疏花疏果是在冬剪的基础上，对花量仍多或坐果仍超量的树，进行花果调控；这是实现合理负载的一种手段。其主要作用：一是克服大小年，稳产稳势；二是保证当年果个大而整齐；使留在树上的果都发育成合格的优质商品果，少出残次果；三是形成足够数量的下年结果的花芽，并保持壮势。不疏果或留果超量的树，很易出现大小年。

造成大小年的实质，是果实与花芽争夺营养问题。果实膨大高峰期，也正是花芽分化高峰期，果比芽争夺养分能力强；另外，果多，形成种子就多，养分几乎全被果实争夺去，芽得不到足够的养分，就不能形成花芽，必然导致下年是小年。况且留果过多时，果与果之间，养分分散、短缺，果无法增大，必定小果率高。所以，疏花疏果，合理负载，是关系到两年产量和质量的重要措施。操作的具体技术如下：

（一）掌握好疏花疏果时期

开花坐果及幼果细胞数的多数主要靠贮藏营养来决定，尽量把多余的花果疏掉，减少无谓消耗，把养分全都集中到应留的花果上，才能长成大果。所以，从这个道理讲，早疏比晚疏好，疏蕾比疏花好，疏花比疏果好。但要视当年的花量、花期天气、树力、坐果力等情况，再决定是疏蕾、疏花、疏果；或是三者相配合。花量大（大年）、天气好、工作量大的梨园，可提早动手疏蕾、疏花，最后定果。反之，只作一次性定果即可。要求在落花后 4 周内完成疏果工作。

（二）因树因枝确定疏除程度

如果全园平均单株负载量定下来了，具体疏每棵树（枝）时，还要因树（枝）而异，壮者多留，弱者少留。满树花果的大年树（50％～60％以上花量），应多疏重疏，并早动手。弱枝弱序，可全枝全序疏掉，留出空台（当年成花下年结果），只留壮枝单果，不留或少留双果。大中果型品种，每 15～20 厘米留 1 个果即可。花量 25％ 左右的少量树，适当少疏多留，次留空台，或在壮枝壮序上借枝（序）留果；壮树壮枝多留枝头果以果压势。弱树（枝）不留少留梢头果。背上壮结果枝组多留，大结果枝组多留，背下弱结果枝组少留，两侧枝组适中。在将要更新的枝组中，疏近留远，近处成花明年结果；为枝组回缩作准备。

（三）看副梢定疏留

副梢多而壮的，表明能长成大果，在全树花量不足时，可留双果；中庸副梢和壮台留单果；无副梢弱台，在不留也够量的情况下可以不留。

（四）依花果序位定疏留

在一个花序中，梨是边花先开，依次向内，先开者一般幼果大，易长成大果，果形正。所以应留边花边果，疏去其余的果。

（五）依幼果长势确定疏留

果柄长而粗，幼果长形，萼端紧闭而突出的，易发育成大果，应留；疏去那些果形圆、萼张开不突出的果。

（六）疏果的原则是留优去劣

先疏去那些病虫果、歪果、小果、叶磨果、锈果，如果还超量时，进一步留优去劣，调节在全树的分布。疏花疏果时，最好用疏果剪子，并注意保护花丛的叶片果台梢。经验不足的梨园，疏果可分两次进行，先间果，后定果。对无经验的疏果者，要随时抽查留果量，及时纠正。亦可树上每留10个果，往兜里装1个果，全树疏完后，数下果子，计算树上实际留的果数，做到心中有数（表8-1）。

表8-1　每株留果量

处理	留果量 （叶/果）	调查枝数 （个）	形成花芽数 （个）	花芽 （%）	大小年状
1	10/1	4 142	1 134	27.4	明显
2	15/1	4 617	1 450	31.4	较明显
3	20/1	2 924	982	33.6	不明显
4	25/1	4 729	1 787	37.8	稳产
5	30/1	4 385	1 789	40.8	稳产

第三节　套袋技术

套袋、套袋技术和有袋栽培体系，是3个不同层次的概括，三者不能画等号，它是科技发展的 3 个不同阶段。

套袋，仅是把梨果套上纸袋，保护其在袋中生长。如在 20 世纪 60 年代，当时化学农药缺乏，为减轻病虫害，随意用旧报纸、牛皮纸等废纸人工糊彻的纸袋，既不规范，不浸药打蜡，这是套袋的初始阶段。

套袋技术，其技术含量较高，含义也广。如日本在 20 世纪 50 年代后中国在 20 世纪 80 年代，为了生产优质商品果，纸袋是用专门选制的纸（其抗坏强度、厚度、透光度、透气度、颜色等均适于果实生长发育），由厂家经浸杀菌杀虫药剂并打石蜡或防水胶，留透气孔，上绑袋卡丝等制成不同规格的标准袋。套袋操作也总结出一套实用技术。这是提高了一个层次的第二阶段。

有袋栽培体系，这是区别于无袋栽培的全新体系。它以套袋为轴心，把与套袋相关的一系列栽培技术（如品种、密度、树高度、修剪、防虫、肥水等）串起来，形成一整套"两高一优"简约化栽培体制。在发达国家和我国先进果产区，已经成为一种趋势。

一、梨果套袋的作用

由于从幼果期就套上特制的纸袋，直至采收，使梨果常年保护在袋内生长，免受病虫和风、雹、雨、强光的侵扰，为生产完美的高档商品果提供了保证。其主要作用是：

1. 可避免多种为害果实的病虫害　如轮纹病、炭疽病、赤星病、黑星病等烂果病，及食心虫、卷叶虫类、蜗类、蚜类、梨象等，对刺果椿象类和污果的梨木虱等也有相当的防治效果。全年可减少 2～4 次打药次数。

2. 大大降低农药残留　5 月下旬套上纸袋后，由于果面不直接接触剧毒农药，加之打药次数的减少，故套袋果实的农药残留量极低。经测定，套袋果实农药残留量仅为 0.045 毫克/千克；而不套袋果为 0.23 毫克/千克。套袋必将成为人类生产无污染的绿色食品果的重要措施。

3. 能明显提高果实外观品质 套袋果杜绝了梨果面煤污斑、锈斑、枝叶磨斑、药斑等，果面洁净。可防止果点木栓化，果点少、小、浅。尤其对果点大而密的锦丰梨、茌梨等品种，套袋后外观的商品价值大大提高。二十世纪梨套袋果几乎呈半透明状态的蜡制品，故有"水晶梨"的商品美称，盛销于市。

4. 可大大提高果实整齐度，提高等级果率 因套袋前必须严格疏果，每棵树该留多少个果就套多少个袋，选择最大最好的果套袋，多余幼果、次果全疏掉。使套袋的果都能长成合格的商品果，搞得好的梨园，等级果率达 95％以上。

5. 可防意外伤害 如防鹊雀等鸟害，防治大金龟子、大蜂类危害果实，防冰雹碰伤等。

6. 对成熟期及生长不一致的品种，可分期采收 先成熟的大果可先采收，余下的小果由于有袋保护，采前可不打防食心虫毒药，延期采收也不致受病虫为害；并且能迅速增大果个，提高果品等级。

7. 能提高果实耐贮性 因套袋果无机械碰伤，无病菌虫等附着，贮藏安全，不烂果。

二、套袋操作技术要点

1. 套袋时间 落花后 20 天（约 5 月中下旬），幼果如拇指肚大小时，疏完果即套袋，用 10 天左右时间结束。套袋太晚，果点已木栓化，效果大减。

2. 套袋前疏果 套袋前要按负载量要求认真疏果，留量可比应套袋果多些，以便套袋时再有选择余地。

3. 套袋前杀虫杀菌 套袋前一定要喷杀虫杀菌混合药 1～2 次，重点喷果面，杀死果面上的菌虫。用药对象主要针对梨黑星病、轮纹烂果病及黄粉虫、粉蚧等。喷布甲基托布津和氯氰菊酯。喷药后 10 天之内还没完成套袋的，余下部分应补喷 1 次药再套。

4. 套袋时严格选果 选择果形长、萼紧闭的壮果、大果、边果套袋。剔出病虫弱果、枝叶磨果、次果。每序只套1果，1果1袋，不可1袋双果。

5. 套袋顺序 要求先树上后树下，反之，易碰落。上下左右内外均匀布开。就一个园片或一棵树而言，要套就全片全树都套，不套全不套。不能半套半留，或树下得手的套，树上不得手的不套。这样才便于在全套的园片统一减少打药次数。

6. 套袋操作方法 先把手伸进袋中使全袋膨起，然后一手抓住果柄，一手托袋底，把幼果套入袋口中部，再将袋口以两边向中部果柄处挤压；当全部袋口叠折到果柄处后，于袋口左侧边上，向下撕开到袋口铁丝卡长度，最后将铁丝卡反转90°，弯绕扎紧在果柄上。注意不要套绑在果台枝上，也不要扎得过分用力，以防卡伤果柄影响幼果生长。套完后，用手往上托打一下袋底中部，使全袋膨胀起来、两底角的出水气孔张开。幼果悬空在袋中，不与袋壁贴附，可防止椿象刺果和药水、菌虫分泌物污染长锈生霉。

7. 套袋操作注意事项 因果袋制作时涂有农药，操作后，应及时洗手，以防中毒。采收时连同果实袋一并摘放入筐中，待装箱时再除袋分级。既可防果碰伤，保持果面净洁，又可减少失水。

8. 果袋的运输 保管果袋运输时要防日晒雨淋，在低温干燥条件下存放。用前稍增加湿度以提高韧性。用过的废袋下年不可再用，因药蜡已经失效。

第四节　有袋栽培技术体系

套袋能显著提高果实的品质、商品性能和经济效益，更是防止病虫烂果的好方法，这些已为生产实践和市场充分肯定。但并非说套袋万能，这是因为，果实品质是个综合性状，受种种因素所左右，不是一两项措施能全部奏效的。为此，必须以套袋为轴心，建立起与套袋相配合的有袋栽培技术体系。把套袋当龙头，从套袋入手抓质量，进行一次栽培技术的全面革新。有袋栽培体系，在此作概要介绍。

一、品种要名优

有袋栽培的品种，一定要栽名优品种，效益才更大，销路才更好。因为果实品质＝良种＋良法及环境条件。而且品种的遗传特性对品质起决定性作用，栽培与条件对品质只起保证与提高的作用。果实本身品质好，套上袋锦上添花，更提高品质。

二、要建立矮密化果园

有袋栽培作业 $80\%\sim90\%$ 在树下操作（如授粉、疏花疏果、套袋、采收及冬夏修剪、打药等项），树体过高各种作业都不便，费工且效果不好。为此，再建新园时，一定要以利于有袋栽培为出发点建矮化密植果园。原有树体过高的乔密梨园，需经改造，降低高度、宽度和枝干密度，疏通光路，控制树体，使其向有袋栽培要求靠近。品种落后的稀植大冠老梨园，应当机立断，高接换种，降低树高，以走上有袋栽培技术的轨道。

三、修剪制度要革新

有袋栽培要求冠体矮小，伸手可及；枝组短壮、年轻化、紧凑、有效率高；光照好。矮密梨园整形修剪的实质性任务，一是疏通光路，二是疏通水分、养分通路。为此，对传统树形和修剪制度，须作彻底的革新才行。

1. 把每行树作为一道树篱群体来整修　这是株行距小所决定的。3～4 年生树即成为株连株的树篱群体，所以整形中不过分追求单株树形，应把注意力引到全行树篱的群体结构上来。合理的树篱结构应是：主干高些，60～70厘米为宜。树篱高度不能大于行距，控制在3米为宜；树篱宽（厚）度2.5米左右，作业时伸手可及。邻行影射角45°。作业通道1米左右。

2. 把每株树做成矮小扁冠形 使骨干枝上直接着生中小结果枝组。

3. 以夏秋季拉枝整形为主，少动剪子多用绳 在剪法上，幼龄树以甩放、拉枝、拿枝、疏枝比较多用，不截不堵；成龄树以回缩、疏枝用得比较多。及时更新枝轴和枝组，保持年轻化和矮化。

4. 修剪树篱，控制树冠疏通光路 光照恶化会导致密植栽培产生各种问题，如病虫害增加、花芽形成困难、果实品质降低等。光路有3条：上光、侧光和地面反射光。控冠要果断，不能手软。发现下部枝弱，花果少，小果率出现时，即应动手控冠。及时落头摘帽开心，捅破"伞盖子"，控制树高和上部过强，增射上光。疏间过密大枝、梢头直立枝组、外围枝及内膛徒长枝、直立枝，打破"包围圈"，引入斜光。清理拖地裙子枝、垂弱枝、寄生枝，增加地面反射光。逐步达到适宜套袋作业的树矮、结果枝组壮、枝疏、枝适，果果见光的理想冠体结构。

5. 控制总枝量 亩枝量控制在8万～10万个。增加中枝比例，长枝限制在10%～15%。叶面积系数3～4，花芽量35%即可。

四、强调辅助授扮

为使套上袋的果都能长成大果、好果，先要做好辅助授粉，使其受精良好，种子多，从而产生的生长素多，这样才能长成大果。梨授粉以花序边花1～2朵为主，这种果易长成果形周正的大型果，使疏果和套袋时，有更多的余地选套。

五、务必严格疏果

果多超量负载，势必质量差。为确保套一个保一个，都长成完美无缺的一级商品果，一定要按树势、肥水水平等，适量留果。把不适宜套袋的多余幼果，下决心疏掉，控量增质，宁缺毋滥。每亩宁要 2 500～3 000 千克套袋好果，不要万斤*次品果。鸭梨每亩留 1.8 万～2 万个，早酥、砀山酥梨留 1 万～1.2 万个，雪花梨留 0.8 万个即可。留果距离 20 厘米左右。

六、依套袋要求改变打药制度

从套袋至采收，果在袋内保护生长。为害果的病虫无法接近，可减少打药次数，这就要改变过去的打药制度，重新进行安排。

第一，若全园和全树的果全部套了袋，对食心虫类（桃小食心虫、梨小食心虫、苹小食心虫等）树上树下的防治都可减免。

第二，要侧重枝干、叶片病虫的防治。如对轮纹病、梨黑星病、炭疽病、黑斑病、早期落叶病以及蚜虫、螨类等的防治仍不可放松，但应强抓全园早期防治。早期务必刮去病皮和粗皮，并涂药 1～2 次。发芽前喷 1 次 3～5 波美度石硫合剂，可杀灭多种病菌和害虫，尤其对防治红蜘蛛有较好的效果。生长期进行常规防治。

第三，在黄粉虫、康氏粉蚧和梨木虱严重的梨园，要抓好早春发芽前的防治和套袋前的防治。

七、合理施肥灌水

套袋果唯一的缺点是糖度稍有降低。但通过改变肥水制度完全可以弥补。有肥就施，大水漫灌的盲目肥水，绝不能结出好果子。为此，要坚持如下的肥水制度。

第一，以农家肥为主，化肥为辅。农家肥用量应为果量的2～3 倍（改变过去斤果斤肥的做法），并于采收后施入。

---

* 斤为非法定计量单位，1 斤＝500 克。—编者注

第二，控制氮肥用量，增加磷、钾肥比例，保持氮、磷、钾的比例为 1：1：1 更好。

第三，前促后控，重视喷肥。水和氮主要用在前期，以促幼果实细胞分裂多、果个大；后期增施磷、钾肥，严格控制氮肥，控制用大水。后期用药喷 0.3% 磷酸二氢钾 3 次以上，采收后叶面喷氮肥 2 次，促秋叶光合，恢复树势。

第四，密植园提倡根面施肥。农家肥施法不必年年深施，幼树期深施，结果树地面撒施翻埋（或刨埋），有深有浅，有粗有细。细、浅的粪肥先分解利用，粗、深的粪块长期慢慢分解，有早有晚，不间断地被根吸收利用，又长年源源不断地为叶片提供二氧化碳，提高光合效率，增产增质，效果更佳。

八、适当晚收，增糖增色

果实糖分和皮色，集中在采前 3 周内急剧变化。调查表明，晚采半个月的果，糖度可增加 1～2 个百分点，风味浓厚，蜡粉增厚，皮色光亮，有黏腻感，口味变重。且能增产 1%，又贮耐运。

第五节　提高果实品质技术

一、合理施肥

（一）微肥的使用

我国梨园由于微量元素缺乏导致梨树生理病害的现象比较普遍，如缺铁导致的叶片黄化，缺锌导致小叶病，缺锰、镁导致叶片失绿，缺钙导致果实木栓斑点病等。严重影响了梨的产量和品质，因此微量元素的合理使用显得尤为重要。

我国市场上出现的微肥品牌种类很多，但质量参差不齐，因此应慎重选择。应选择国家、省农业科研单位研制或者大中型知名企业研制生产的微肥。可多选择几个品牌进行试用，确定使用效果好的微肥。

1. 使用方法

（1）土壤混施法 结合整地与氮、磷、钾等化肥混合在一起均匀施入土中，施用量要根据果园和微肥种类而定，一般不宜过大；最好与厩肥等有机肥混合均匀基施，防止集中施用造成局部危害。

（2）机械喷雾法 将微量元素溶液配好后，用喷雾器或高压枪均匀喷雾，以叶片为主，从上至下让果树均匀挂液。病情严重的 10 天以后再喷一次，即可见效。

（3）根茎吸收法 选择容积 100 毫升的玻璃瓶装入微量元素营养液。在距果树根部 1 米处挖坑，露出根后，选取粗度 0.5～1 厘米树根将其横切断，把连接树干的根插入瓶内，将瓶口和树根间缝隙封好，连同瓶子一起埋入地下，让其缓慢吸收。

（4）树干引注法 取两个容积为 50 毫升装有微量元素溶液的玻璃瓶。在树干距地面 20 厘米高处两侧斜向下钻孔，深至形成层，把瓶分别悬挂在钻孔上方，然后用棉芯将营养瓶与钻孔连接起来，让微肥营养液通过棉芯慢慢输送到树体内吸收。

（5）局部涂抹法 果树发芽后，如发现病枝，用刷子或毛笔蘸取配好的微量元素溶液抹刷 1～2 年生枝条，隔 10～15 天再抹一次。

2. 注意事项

（1）注意施肥用量及浓度 微量元素需要量一般很少，且从适量到过量的范围很窄，因此要防止微肥用量过大。土壤施用时还必须施得均匀，浓度要保证适宜，否则会引起植物中毒，污染土壤与环境。

（2）注意与大量元素肥料配合施用 微量元素和氮、磷、钾等营养元素都同等重要，只有在满足果树对大量元素需要的前提下，施用微量元素肥料才能充分发挥肥效，表现出明显增产效果。

（3）注意改善土壤理化环境　微量元素缺乏，往往不是因为土壤中微量元素含量低，而是有效性低，通过调节土壤条件，如土壤酸碱度、氧化还原性、有机质含量、土壤含水量等，可以有效地改善土壤的微量元素营养条件。

（二）合理使用有机肥

有机肥的优点是含营养元素种类多，包括大量、微量营养元素，并含有大量的有机物、维生素等活性物质。常年施用有机肥能使土壤有机质得到更新或提高，改善土壤理化性状，明显提高土壤质量。但其缺点是养分含量低，而且养分形态主要呈有机态，需要经过土壤微生物逐步分解，才能转化成植物可以吸收利用的形态，因此养分供应强度低，难以满足梨树快速生长期的需要。

有机肥合理使用注意事项：

粪尿类有机肥的主要特点是养分含量高于其他有机肥，但是其碳氮比（C/N）范围比较窄，对大田土壤有机质的提高和培肥的作用不大，为此，要添加部分粉碎的秸秆组成混合有机肥施用。

不能施用生粪，必须腐熟和经过堆制转化过程。

适量施用。控制粪肥用量的做法，欧盟国家已提出了控量施用的规定。以英国为例，将施用量定在170吨（氮）/公顷之内。

（三）田间生草，提高土壤有机质含量（见第六章第1节）

二、合理的树体结构

树体结构，是指果树单株上的各个结构因素，包括干高、冠高、冠形、骨干枝级次、层次、数量、叶幕及其间距等的空间关系和数量关系。合理的树体结构主要是指低干矮冠，冠形半圆，少主多侧，角度开张，充分利用辅养枝，枝量充足，结果枝组配备合理，以及叶幕成层、透光良好等。树体结构合理与否，树体器官的生长过程和生长强度适宜与否，对梨树早果、丰产，尤其是对果实质量有着重要的影响。

（一）采用低干矮冠，树冠半圆的树形

如小冠疏层形，这种树形冠内光照条件好，光合效率高。有利于保证光合产物向果实优先分配，能够显著提高光合产物用于结果的相对比例。在树体发育健壮而稳定的低干矮冠树体中，干周得到充分发育。充分发育的干周，与早果、丰产和提高果实质量有着密切关系。树冠达到一定大小时，树冠中的有效结果空间随着树冠的增大而减小，果实的产量和品质也会下降，树冠过大，冠内部低能无效区的比例加大，结实力降低，树冠过小则由于树冠外围和表层光过剩，使树冠外围适应保护区的比例增大，对结果也会产生不利影响。

（二）少主多侧，角度开张

骨干枝的级次和数量，开张角度的大小，也是梨树体结构的重要因素。骨干枝的级次、数量和开张角度会对树体内营养物质的分配、运转、内源激素的含量和分布等产生重要影响，进而在产量和品质上表现出明显的差异，在骨干枝比较多的乔化大树上，用于建造树体骨架的同化养分数量多，完成树体骨架建造的时间长，开始结果晚，单位面积产量低。对树体结构控制不利时，往往降低果实品质。

（三）枝量充足，结果枝组配备合理

枝量是指树冠中一年生枝的数量。充足的枝量，是树体健壮稳定、结果优质、丰产的条件。合理配备的结果枝组主要有以下几点：结果枝组的类型安排与骨干枝的结构相适应，树体较大，枝组数量较多；树冠较小，枝组类型偏小，中小型枝组的数量较多。结果枝组在骨干枝和控制枝上的密度要合理，每米长主枝上的结果枝组数量达到20个以上时，则落花落果加重，增产不明显，果实品质降低。结果枝组的生长方位要适宜，主枝上的结果枝组，一般以背上斜生为主，两侧为辅，侧枝上的结果枝组，则以向两侧生长为主，背上、背下为辅。

（四）叶幕成层，透光良好

叶幕大小及其空间分布，对树冠中的光照状况有重要影响，而叶幕量的大小，又与其他树体结构因素有密切关系。因此，叶幕的大小及空间分布，对梨成花、坐果、产量及品质等有着重要影响。

三、合理的植保措施

梨树病虫害防治应以"预防为主，综合防治"的植保方针为依据，综合运用农业防治、物理防治、生物防治及无公害化学农药防治的植保措施。把病虫害控制在梨果生产所允许的范围内，生产出符合国际食品安全标准的优质梨果。

第九章

梨高接换优技术

随着人民生活水平的提高和市场需求的不断变化，梨的新品种不断出现，并在一定程度上代替原有老品种。对于新的栽培地区可以直接使用新品种苗木建园，但老的栽培区则不可能将原有的品种大树全部拔除，重新栽植，这会造成巨大的浪费，也是广大梨农所不能接受的。为了迅速更新品种，创造较好的经济效益，采用高接换优技术是一个不错的选择。

高接是进行品种更新最有效的一项技术。高接是指将接穗嫁接树冠各级枝干上的一种嫁接方法，一般嫁接部位较高，故名高接。高接的主要用途就是改换原有的低产劣质品种，所以，一般称之为"高接换优"。

第一节　高接换优方案的制订

一、高接品种的选择

在选择高接品种时，第一要考虑品种的适应性，所选品种必须要适合当地气候土壤条件；第二要考虑市场，选择内质和外观品质优良，市场价位高，且在一定时间内不会饱和的品种；第三所选接穗品种要与砧树间嫁接亲和力好；第四要考虑品种本身抗性，尽量选用抗性较强的品种。对于高接品种的选择，应统筹考虑各种因素，最好制订出几套备选方案，然后再找有经验的专业人员充分论证后进行科学选择。

根据当前市场情况，可选雪青、绿宝石、黄冠、黄金、大果水晶、玉露香梨、爱甘水、丰水、圆黄、新高等。

二、高接的形式

根据高接部位、砧龄和高接的头数不同，可分为以下 3 种。

1. 主干高接　用于树龄较小的密植梨园，距地面 50～60 厘米，截去树干，用插皮接或劈接法，接 2～3 个接穗，成活后保持一个健壮新梢的生长优势，其余的新梢拧伤压平，并立支柱保护，也有利新树干的生长优势，发生的副梢及时拉平。

2. 主枝高接　将主枝从基部截去，用皮下接或劈接，接 2 个接穗，1～2 年可恢复树冠。适用于树龄较大的中密度梨园。

3. 多头高接　保持原有的树体结构，在主要骨干枝上嫁接多个接穗，不仅恢复树冠快，而且恢复产量早。适用于稀植大树冠的成龄果园。

应根据自身梨园的特点，确定高接的形式。

三、高接树的树体改造

结合品种更新的同时，进行树体改造。我国很多省份成龄老梨园占得比重较大，多为售价较低、经济效益较差的老品种。生产模式多为大冠稀植，树体高大，不易管理，且树体结构外强内弱、上强下弱、内膛空虚现象严重，不利于优质果品生产。

将原有的大冠树体改造成小冠树体结构，把原来 3～4 层树冠的疏层形树体结构进行落头，改为 1 层有 3～4 个主枝的自然开心形，使树高控制在 2 米范围内。

第二节　高接换优技术

一、高接的时期

嫁接时期在梨树萌芽前后最为适宜。华北地区最早可于 3 月初开始，最晚在落花期结束。梨树高接一般采用硬枝嫁接，嫁接时期在树体萌芽前后进行，嫁接用的接穗一定要在休眠期采集，并于低温处保湿贮藏，务使接穗上的芽不萌发。实际上只要将接穗贮藏好，芽不萌发，可延长到开花期。梨树展叶后即不能再高接，以防过度损耗树体营养，新梢生长衰弱。

二、高接砧树的处理

1. 树冠整形 根据树体大小，对骨干枝进行接前修剪，尽量保持原树体骨干枝的分布，保持改接后的树冠圆满和各级之间的从属关系。如果原树体结构或骨干枝分布不合理，在高接前进行树体改造，使之形成合理的结构。一般直接将中心领导枝锯掉，改造成开心形，这样有利于透光和优质果品生产。锯树时，只留基部 3～5 个主枝，每个主枝选留 1～2 个侧枝，侧枝截留 1/2，主枝截留 2/3。

也可根据情况落头开心，改造成二层开心形，全树保留主枝 4～7 个。基部主枝可保留 1～2 个侧枝，二层主枝上不留侧枝。主枝先端接口的直径以 3～5 厘米为宜，侧枝先端接口直径 2～3 厘米。一般中心领导干截留在 2 米以内。高接树最好随剪随嫁接，以防剪口失水。

2. 选留接头 以骨干枝两侧留接口为主，同侧接头间距30～40 厘米，接口要尽可能靠近骨干枝枝轴，以 5～15 厘米为宜，接头直径 0.7 厘米以上。骨干枝背上不留接头，距中心 40 厘米以内不留接头。中心领导枝上的辅养枝，高接时可保留 1～2 个。

在进行骨架整理时，常会去除一些无用的大枝，因而在树体上造成一些大伤口。若不及时对其加以保护，往往会由于失水过多或染病而影响伤口以上接头的成活率和长势。所以，应及时涂抹乳胶或调和漆加以保护，以防失水和病菌侵入。

三、高接的方法

（一）骨干枝枝头常用的嫁接方法

1. 插皮接 在接穗下方削成一个长 2.5～3 厘米的长斜面，

在相对面削成 0.5 厘米左右的小斜面，将备接枝在合适部位锯下，并在备接枝上竖切一刀，使皮层轻轻撬起，将接穗长削面向内插入备接枝的木质部和韧皮部之间，上部露白 0.3 厘米左右，随后绑严。在操作过程中要掌握好砧木切口、接穗削面要平滑无毛刺，接穗和砧桩形成层要对齐（至少一侧对齐）。

此法适用于干径较粗的（一般 3 厘米以上）骨干枝枝头的嫁接，根据断面粗度情况接 2～4 个接穗。此法需在砧树韧皮部与木质部离皮时进行。

2. 劈接　将接穗基部的两侧削成长 1.5～2.0 厘米的楔形削面，削面的两侧应一侧稍厚些（一般有芽的一侧稍厚些），另一侧稍薄些，再用剪子或利刀在剪断枝条的横断面的正中央垂直劈开一个长约 2.5 厘米的切口，将削好的接穗宽面向外、窄面向里插入切口，并使形成层对齐，接穗削面上端略高于切口 0.2 厘米左右（俗称露白），然后用塑料薄膜绑紧扎严。

此法适用于干径较粗的（一般 3 厘米以上）骨干枝枝头的嫁接，一般一个砧桩断面可接 1～2 个接穗。

（二）主枝光秃带常用的嫁接方法

1. 皮下腹接　先在要高接的部位刮掉老皮，切一丁字形切口。竖口的方向与枝干成 45°角，横口深达木质部，竖口不切透，在横口上挖一半圆形斜面。对于树皮较老较厚的可用木工用凿子进行打洞处理。

接穗可用剪子削。在芽的背面略低于芽 2～3 毫米处，向下斜削一刀，至芽所在的一面，斜削面长 3～4 厘米。削面的长短根据接穗的粗细和品种的芽间距而定，削面削好后，在此削面的背后削 0.5 厘米的小削面，以利于接穗插入砧树皮下及愈合。最后在芽上 0.5 厘米处剪断，即成为一个长 4 厘米左右，只有一个芽的接穗。插时长削面向里，从竖切的切口处向下插，插的深度以接穗长削面上端与底边齐平为度。

皮下腹接主要用于高接树内膛光秃部分的补空。也可用于因主侧枝过粗，且不能用切腹接的情况。此法需在砧树离皮后进行。

（三）较细枝常用的嫁接方法

1. 切腹接　使用锐利的修枝剪，剪出的接穗与已往劈接相比，楔形两边不等厚。一个具有多个芽的枝条，先从最下一个芽处剪起。从芽下3～4厘米处垂直剪断，剪刀面朝上，从芽下3～5毫米处两侧各剪2～3厘米的斜面，使成楔形。枝条粗的斜面剪长些，反之可短些，再从芽上0.5厘米处剪断，即成为只有一个芽的4厘米长的接穗。

在主侧枝预留的砧桩上嫁接时，于砧桩一侧向下斜剪一剪口，长度与接穗的削面基本相同，剪口下端深达木质部，在修枝剪未抽出时，利用剪子的支撑作用，将接穗芽插入，使接穗外侧的形成层与砧木一侧的形成层对齐，然后用塑料膜包扎紧。

此法一般适用于高接树内膛干径2厘米以下的砧桩的嫁接。河北省梨产区高接，小枝多用单芽切腹接。单芽切腹接嫁接效率高，成活好，接后管理方便，应在生产上大力推广应用。

2. 腹接　接穗用修枝剪子削。削法同切腹接。在嫁接部位斜剪成一个比接穗削面稍长的切口，深达所接枝条粗度的1/3～1/2。把削好的接穗长斜面向内插入剪口，形成层对齐，然后用塑料薄膜绑紧扎严。由于在嫁接时多用单芽，所以又称单芽腹接。嫁接时，按上述方法进行削切接穗，然后用修枝剪在砧桩腹部（高接部位）斜向下剪一剪口，在修枝剪尚未抽出之前，利用修枝前的支撑作用，将削好的接穗插入砧木的切口，将形成层对齐，绑缚。

此法适用于高接树内膛干径3厘米以下的砧桩的嫁接。单芽腹接嫁接效率高，成活好，接后管理方便，应在生产上大力推广应用。

四、绑缚方法

不管哪种方法嫁接，包紧包严嫁接部位都是关键的步骤。包扎材料最好用厚度为0.005～0.007毫米塑料薄膜，把成捆的塑料膜截成15～20厘米的段备用。绑缚要注意以下三点：一是注意包严、不透风；二是注意在接芽上保证只覆盖一层膜，且紧贴在接芽上，以利接芽萌发时自行破膜生长；三是将接口扎紧以防产生的愈伤组织将接穗顶出，影响成活。

五、接后的管理

（一）树上管理

1. 除萌 高接后会萌生大量萌蘖，要多次进行除萌工作。当接芽长到 20 厘米时，基本能保证接芽成活，应及时除去砧树萌芽。当树上的新梢量较少时，为防止大枝夏季日烧，暂时留下少量较弱萌蘖并进行枝干涂白，待高接品种新梢形成一定遮阴能力后再去除。成活率不高的部位或接芽少的树，应留部分砧树萌芽，以增加叶片面积，提高光合作用，并准备夏接。

2. 补接 对未接活的接头应采用芽接或枝接方法进行补接。

3. 破膜放芽 大部分接芽萌发后能够自行破膜生长，少部分接芽萌发后不能自行破膜，而在膜内扭曲生长，应及时用牙签破膜放芽，但不能除去塑膜。

4. 除膜 到 5 月底成活的接芽长到 20～30 厘米时，应除去塑膜。除膜过晚，所缠塑膜影响接芽基部生长，甚至造成塑膜长在其内，不抗风害。

5. 新梢摘心 当接芽萌发后，长出 3～5 片叶，应及时摘心，既促生侧芽萌发而增加枝量，又加粗萌芽基部粗度而抗风。接芽多而成活率高的嫁接树可不摘心。

6. 绑枝 当接芽新梢长到 30 厘米以上时，应及时搭设简易网架或在接芽部位绑木棍，将新梢绑缚其上，以免风折。

7. 拉枝 5 月下旬至 6 月初，应及时拉枝。作为主枝、侧枝、大枝组培养的新梢，应拉至 45°～50°；作为结果枝培养的新梢，应拉至 70°～80°，以利于缓和树势，促使花芽形成。

8. 喷促花素 绿宝石等一些成花难的品种，为促使当年多形成花芽，于 6 月初和 7 月初必须喷两遍促花素。

9. 夏季修剪 多头高接的树新梢生长旺盛，萌发二次枝的数量较大，易造成树形混乱。因此，应加强夏剪整形工作，以缓和生长势。重点调整枝头生长方向和角度；对有空间的旺枝枝头轻摘心，促生分枝；继续抹除砧树上的萌蘖或对其他旺长枝采取拿枝软化、拧枝等方法缓和生长势。

10. 病虫害防治 当新梢长到 20～30 厘米时，应及时防治蚜虫和梨木虱。之后防治 2～3 次食叶害虫即可。嫁接完毕后，喷 3～5 波美度石硫合剂，可杀害越冬害虫及预防枝干干腐病，尤其雪花梨砧树，应加强预防，对于 3 厘米以上锯口应涂伤口保护剂。4 月底新梢长到 20～30 厘米时，全园喷一次 50％多菌灵 800 倍液＋20％灭扫利 2 000 倍液，以保护幼枝及防止梨茎蜂危害新梢。5 月下旬至 6 月上旬全园喷一遍 10％吡虫啉 5 000 倍液＋80％大生 1 000 倍液＋1.8％齐螨素 5 000 倍液，以防梨木虱为害新梢及叶片。7 月上旬至 8 月下旬喷 1 次 80％大生 1 000 倍液＋4.5％高效氯氰菊酯 2 000 倍液，预防病害及棉铃虫等害虫。

(二) 树下管理

高接换优后生产果品一般都应以生产高档精品果为目标，所以必须加大树下管理。为促进嫁接成活，接后浇水。为促进新梢生长，加速扩冠，于新梢旺盛生长期（5 月下旬至 6 月上旬）浇水，并适当追肥，1～2 千克尿素/株，以后视天气情况浇水。5 月下旬、6 月中旬、7 月上旬结合喷药，喷施 0.5％尿素、0.5％磷酸二氢钾或 300 倍惠满丰，促进枝叶旺盛生长及成花。另外及时中耕锄草，松土保墒，并于落叶前结合深翻扩穴，每亩需施圈肥 4 000～5 000 千克，果树专用肥 75～100 千克。

第三节 高接后生长结果恢复的效果

一、树冠恢复情况

试验结果表明，纺锤形树形高接后第二年夏季（即接穗生长一年半后）调查，树高恢复到对照树的 73.7%，树冠覆盖率恢复到对照树的 92.4%；高接后第三年，即接穗生长两年半，树高恢复到对照树的 95.5%，树冠覆盖率恢复到对照树的 96.2%（表 9-1）。

表 9-1 高接树第三年树冠恢复情况

类别	树高 （厘米）	干周 （厘米）	主枝平均直径 （厘米）	枝组数量 （个）	东西枝展 （厘米）	树冠覆盖率 （%）
高接树	290.2	21.1	2.1	11.6	340	80.6
对照树	304	22.2	2.3	16.4	349	83.8
两者比值（%）	95.5	95	91.3		86	96.2

二、高接树生长与结果恢复情况

试验结果表明，高接后第二年，营养枝恢复到对照树的 81.4%，结果枝恢复到对照树的 76.4%，总枝量恢复到对照树的 79.1%；高接第三年，营养枝恢复到对照树的 97.7%，结果枝恢复到对照树的 86.7%，总枝量恢复到对照树的 92.6%（表 9-2）。高接后第四年基本恢复到嫁接前的产量水平。

表 9-2 高接树第三年生长与结果情况

类型	营养枝数量（个）			营养枝合计 （个）	结果枝数量（个）			结果枝合计 （个）	腋花芽数量 （个）
	长枝	中枝	短枝		长果枝	中果枝	短果枝		
高接树	15.4	9	34.4	58.8	11.6	5.8	28.2	45.6	9.6
对照树	18.4	10.2	41.6	60.2	15.6	6	31	52.6	7.4
两者比值(%)				97.7				86.7	

第四节 高接换优的效益分析

以株行距 3 米×5 米（44 株/亩）为例，对高接换优后效益情况进行分析。

一、高接当年投入情况

1. 种芽 每株 120 芽（接 100 头），每芽按 0.05 元计，每亩需投入 264 元。

2. 嫁接费（包括塑膜） 以每芽 0.1 元计，每亩需 600 元。

3. 其他 肥、水、药、工等费用以 600 元/亩计。

投资合计：1 304 元/亩。

二、高接第二年收支情况

每株成活 90 头，每头结果平均 1.5 个，0.25 千克/个，每亩产量 1 485 千克。除去次果，每亩以 1 250 千克商品果计，价格以 4 元/千克计毛收入 5 000 元。肥、水、药、袋、工等支出 1 500 元/亩，嫁接第二年纯收入 3 500 元/亩。

三、高接第三年收支情况

恢复原产 2 500 千克/亩，毛收入为 10 000 元。肥水、药、袋工等支出 2 000 元/亩，嫁接第三年纯收入 8 000 元/亩。

从以上情况来看，3 年合计纯收入 9 696 元/亩，平均 3 232 元/亩。以鸭梨为例，产量 2 500 千克/亩，1.2 元/千克毛收入为 3 000 元/亩。肥、水、工、袋、药等支出 1 500 元/亩，纯收入为 1 500 元/亩。每年纯增效益 1 732 元/亩。

由以上分析可以看出。改接后，第二年效益即可高于未改接树，第三年效益即可高出未高接树的几倍，即使新品种只占 3 年市场，仍可取得较好效益。

第十章

梨树病虫害防治技术

第一节 病虫害综合防治技术

我国于 1975 年在全国植保大会上提出"以防为主，综合防治"的植保方针。随着研究的深入，生产的发展，防治策略逐步系统化和科学化。起初是对一虫一病的综合防治，即对某中主要病虫害，采用各种适宜的方法，把它的危害控制在经济允许水平以下。之后发展为以一个生物群落为对象进行综合防治，如对一个果园，一片农田进行综合防治。目前，综合防治是以整个生态系统为对象，进行整个区域的治理，其基本含义是：从农业生态系统整体出发，充分考虑环境和所有生物种群及其经济效益、生态效益和社会效益，在最大限度地利用自然因素控制病虫害的前提下，采用农业、生物、物理、化学和植物检疫等各种技术综合防治，把病虫害控制在经济允许为害水平以下。

一、利用自然因素控制病虫害

梨树病虫害综合防治包括许多措施，但首先要考虑利用自然控制因素，它包括寄主的适宜性、生活空间、隐蔽场所、气候变化、种间竞争等，创造不利于病虫害发生的环境是病虫害防治的根本方法。

（一）树种合理搭配

建园时，尽量避免梨、桃等果树混栽，以杜绝梨小食心虫、桃蛀螟等害虫交替危害，否则易导致梨小食心虫、桃蛀螟等害虫发生。

（二）根除中间寄主

桧柏是梨锈病的中间寄主，梨锈病以多年生菌丝体寄居在桧柏上越冬，梨园附近 5 千米之内有桧柏应消除，以梨为主的产区禁止栽桧柏。

（三）调控生态因子

梨树病害的发生往往与降雨和湿度密切相关，如梨黑星病、轮纹病、褐斑病、黑斑病等在雨水较多的年份发生严重。通过设施栽培等，创造一个不利于梨树发病，而又不影响梨树生长发育的环境，将会限制病害的发生。

二、植物检疫

由国家颁布条例和法令，对植物及其产品，特别是苗木、接穗、种子等繁殖材料进行管理和控制，防止危害性病、虫、杂草传播蔓延的措施称为植物检疫。一种新的病虫害的传入，由于缺乏天敌，植物缺乏抗性，有可能给当地农业生产带来严重的危害，因此，在苗木、接穗等的调运中，必须严格进行植物检疫。由于危险性病、虫、杂草随着时间的进展、种植制度的改变，检疫对象也不断地变化。目前落叶果树病虫检疫对象主要有苹果黑星病、葡萄蔓割病、板栗疫病、苹果小吉丁虫、苹果透翅蛾、苹果绵蚜、梨潜皮细蛾、葡萄根瘤蚜、梨夸圆蚧、美国白蛾等；其中为害梨树的有苹果透翅蛾、梨潜皮细蛾、梨夸圆蚧等。

三、农业防治

农业防治是利用自然因素控制病虫害的具体体现。通过一系列农业技术，创造不利于病虫害发生，而有利于梨树生长发育的环境，增强梨树对有害生物的抵抗能力，达到直接消灭或抑制病虫害发生的目的。农业防治可操作性强，且不污染环境。

（一）选用抗病品种和砧木

选用抗病品种和砧木可大大减轻病虫害防治的压力，取得事半功倍的效果。梨树不同品种间抗病性差异十分显著，选择品种时，应在保证优质丰产的前提下，选用抗病品种。如红香酥、中梨3号等高抗黑星病，金二十世纪对褐斑病免疫，早美酥抗早期落叶病和轮纹病等。一般中国梨易感黑星病，日本梨次之，西洋梨抗性最强；西洋梨易感褐斑病，日本梨次之，中国梨抗性较强。

（二）提高树体对病虫害的抗性

通过采用增施有机肥，合理施肥、浇灌和修剪，控制负载等现代栽培技术，增强树势，使树势壮而不旺，枝叶多而不密，果园通风透光，从而提高梨树的抵抗病虫害能力，这是防治各种病害的重要环节。

（三）清洁果园

生长季节，结合疏花疏果，摘除梨黑星病、白粉病叶芽和顶梢卷叶虫、星毛虫等；及时检查和清理果园内受炭疽病、轮纹病、桃小食心虫、梨小食心虫、梨大食心虫等为害的病虫果，集中深埋或销毁。秋末冬初彻底清除落叶和杂草，消灭在其上越冬的黑星病、潜叶蛾、梨网蝽等病虫源。冬季和初春，梨树的老皮、翘皮、粗皮与裂缝是山楂叶螨、梨星毛虫、梨小食心虫等害虫的越冬场所，因此休眠期刮树皮并集中深埋或烧毁是消灭这些害虫的有效措施。

（四）果实套袋

果实套袋等于给果实设了道保护层，可以保护果实不受病虫为害，能够避免桃小食心虫、梨小食心虫、椿象、烂果病等的为害，果实套袋后喷药主要防治枝叶上的病虫害，可以减少农药使用次数。

（五）其他措施

秋冬季节，果园深翻施肥，松土保墒，可直接杀死在土中或树下越冬的害虫，减少早期落叶病和金纹细蛾等病虫越冬基数，提高树体对腐烂病、轮纹病等多种病害的抵抗力。通过冬季修剪将在梨枝条上越冬的卵、幼虫、越冬茧等剪去，减轻翌年的为害。通过夏季修剪改善树体的通风透光条件，减少轮纹病、斑点落叶病等的发生蔓延。通过梨园覆草、间作绿肥，可为天敌提供适宜生存和繁殖的环境，增加天敌数量。

四、生物防治

生物防治指利用有益生物及生物的代谢产物防治病虫害的方法。包括保护自然天敌，人工繁殖释放、引进天敌，病原微生物及其代谢产物的利用，植物性农药的利用等。生物防治不对环境产生任何副作用，对人畜安全，在果品中无残留。该种方法在病虫害综合治理中将越来越显得重要，是梨树现代栽培的重要组成部分。

（一）充分利用天敌，以虫治虫

果树是多年生作物，果园生态环境比较稳定，易受到多种害虫为害，但捕食害虫的天敌种类也很多。它们相互制约、相互依存，维持着自然平衡，使许多潜在害虫的种群数量稳定在为害水平以下。

1. 天敌的种类　我国果园天敌种类十分丰富，据不完全统计达 200 多种，仅经常起作用的优势种就有数十种。

（1）瓢虫　瓢虫是果园中主要的捕食性天敌，以成虫和幼虫捕食各种蚜虫、叶螨、介壳虫及低龄鳞翅目幼虫、梨木虱等。瓢虫的捕食能力很强，1 头异色瓢虫成虫 1 天可以捕食 100～200 头蚜虫。1 头黑缘红瓢虫一生可捕食 2 000 头介壳虫。

（2）草蛉　草蛉是一类分布广、食量大，能捕食蚜虫、叶螨、叶蝉、蓟马、介壳虫及鳞翅目低龄幼虫及卵的重要捕食性天敌。1 头普通草蛉一生能捕食 300～400 头蚜虫、1 000 余头叶螨。

（3）六点蓟马　六点蓟马的成虫和幼虫都捕食叶螨的卵。1头雌虫一生能捕食 1 700 个螨卵。

（4）食蚜蝇　食蚜蝇以捕食果树蚜虫为主，又能捕食叶蝉、介壳虫、蓟马、蛾蝶类害虫的卵和初龄幼虫。它的成虫颇似蜜蜂，但腹部背面大多有黄色横带。每头食蚜蝇幼虫可捕食数百头至数千头蚜虫。

（5）螳螂　螳螂是多种害虫的天敌，它分布广、捕食期长、食虫范围大、繁殖力强，在植被丰富的果园中数量较多。螳螂的食性很杂，可捕食蚜虫、蛾蝶类、甲虫类等 60 多种害虫。1～3龄若虫喜食蚜虫，3 龄后捕食体壁较软的鳞翅目害虫，成虫则捕食蚜虫、叶蝉、盲蝽、金龟甲、桃蛀果蛾、梨小食心虫、棉铃虫等多种害虫。螳螂的食量很大，3 龄若虫每头可捕食 198 头蚜虫、110 头棉铃虫幼虫。

（6）赤眼蜂　赤眼蜂是一种寄生在害虫卵内的寄生蜂，体长不足 1 毫米，眼睛鲜红色，故名赤眼蜂。赤眼蜂是一种广寄生天敌昆虫，能寄生 400 余种昆虫的卵，尤其喜欢寄生在梨小食心虫、棉铃虫、黄刺蛾、棉褐带卷蛾等果树害虫的卵里。赤眼蜂的种类很多，在果树上常见的有松毛虫赤眼蜂、舟形毛虫赤眼蜂、毒蛾赤眼蜂等。

2. 天敌的保护

（1）改善果园的生态环境　果园行间种植绿肥，可为天敌提供适宜生存和繁殖的环境条件，有利于天敌的生存和繁殖；在果园内种植一些开花期较长的植物，可招引寄生蜂、寄生蝇、食蚜蝇、草蛉等天敌到果园取食、定居及繁殖；保护好果园周围麦田里的瓢虫等天敌，麦熟后迁移到果园，对控制果树上的蚜虫有明显效果；秋季天敌越冬前，在枝干上绑草把、旧报纸等，为天敌创造一个良好的越冬场所，还可诱集果园周围作物上的天敌来果园越冬。

（2）刮树皮时注意保护天敌　枝干翘皮里及裂缝处既是害虫

的越冬场所，但同时也是六点蓟马、小花蝽、捕食螨、食螨瓢虫以及许多种寄生蜂等天敌越冬的地方。因此可改冬天刮树皮为春季果树开花前刮，因为此时大多数天敌已出蛰活动，这样既能消灭害虫又能保护天敌。如刮治时间早，可将刮下的树皮放在粗纱网内，待天敌已出蛰活动后再深埋或烧毁树皮。虫果、虫枝、虫叶中常带有多种寄生性天敌，因此可以把收集起来的这些虫果、虫枝及虫叶放于大纱网笼内，饲养一段时间，待天敌和害虫的比例合适时释放。

（3）有选择地使用杀虫剂 首先是选择使用高效、低毒、对天敌杀伤力小的农药品种。一般来说生物源杀虫剂对天敌的危害轻，尤其是微生物农药比较安全。化学源农药中的有机磷、氨基甲酸酯杀虫剂对天敌的杀伤作用最大，菊酯类杀虫剂对天敌的危害也很大，昆虫生长调节剂类对天敌则比较安全。在全年的防治计划中，要抓住早春害虫出蛰期的防治，压低生长期的害虫基数可以有效地减轻后期的防治压力，减少夏季的喷药次数。喷药时注意交替使用杀虫机理不同的杀虫剂，尽可能地降低喷药浓度和用药次数，尤其要限制广谱有机合成农药的使用。

（二）人工饲养和释放天敌

由于多数天敌的群落发育落后于害虫，仅靠田地本身的自然繁殖很难控制害虫的为害。通过人工饲养天敌，在害虫发生初期，自然天敌不足时，提前释放一定量的天敌，可以取得满意效果。目前北美已有 142 家公司生产销售 130 多种天敌；西欧有 26 家公司生产销售 80 多种天敌；在我国赤眼蜂已可进行半工厂化生产，可以每日繁殖松毛赤眼蜂 3 000 万头。在辽宁和山东的部分果园，人工释放松毛虫赤眼蜂防治苹小卷叶蛾十分成功，如在苹小卷叶蛾为害率 5% 的果园，在第一代卵发生期连续释放赤眼蜂 3～4 次，可有效控制其为害。

（三）利用昆虫激素

目前我国已有桃小食心虫、梨小食心虫、苹小卷叶蛾、金纹细蛾、苹果蠹蛾、苹果褐卷叶蛾、梨大食心虫、桃蛀螟、桃潜蛾等害虫果园用性诱剂，主要用于害虫发生期检测、大量捕杀和干扰交配。一般每亩果园挂 15 个左右性诱捕器，虫口密度大时，可先喷一遍长效专用杀虫剂。

（四）利用真菌、细菌、放线菌、病毒、线虫等有害微生物或其代谢产物

目前利用苏云金杆菌及其制剂防治桃小食心虫初孵幼虫有较好防效。在桃小食心虫发生期，按照卵果率 1‰～1.5‰ 的防治指标，树上喷洒 Bt 乳剂或青虫菌 6 号 800 倍液，防效良好。使用农抗 120 防治果树腐烂病，具有复发率低、愈合快、用药少、成本低等优点。桃小食心虫越冬幼虫出土期施用新线虫也取得了较好的效果。

五、物理机械防治

物理机械防治指应用各种物理因子、机械设备以及多种现代化工具防治病虫害的方法。其内容包括简单的人工捕捉和最尖端的科学技术原子能辐射等。

（一）灯光诱杀

根据昆虫的趋光性，梨园设置光源，可诱杀梨小食心虫、卷叶蛾类等多种梨树害虫。广泛应用于害虫诱杀的光源是 20 瓦黑光灯，波长 365 纳米。黑光灯可与性诱剂结合或在灯旁加高压电网，或与 20 瓦日光灯并联，可提高诱杀效果。新近研究的新光源有单管双光灯、金属卤素灯、频振式灯等，其诱杀效果均优于黑光灯。具体使用方法应依据产品使用说明。

（二）糖醋液诱杀

糖醋液是一种被广泛运用梨树害虫防治的诱杀剂，对诱杀梨小食心虫等害虫效果明显。糖醋液配置比例为红糖 1 份、醋 4

份、酒 1 份、水 16 份，另加入福尔马林几滴，防治腐化。将配好的糖醋液盛于广口容器中，挂在离地 1.5 米的树冠中，每 5 株树悬挂 1 个。

（三）人工捕捉

利用金龟子、梨茎蜂、梨实蜂、梨虎象等害虫的假死性，清晨或傍晚温度低时，地上铺塑料膜，摇动树干收集成虫将其捕杀。利用害虫（如二斑叶螨、梨小食心虫、梨星毛虫等）在树皮裂缝中越冬的习性，树干束草、破布、废报纸等，诱集越冬害虫，翌年害虫出蛰前集中消灭。用铁丝钩捕杀树干中的天牛幼虫等。

（四）树干涂白

秋季梨树落叶后，进行树干涂白，可防止冻伤和日灼，阻止芳香木蠹蛾、天牛等害虫产卵为害。涂白剂的配制比例是：生石灰 5～6 千克，食盐 0.7～1 千克，细黏土 1 千克，硫黄粉 0.3 千克，水 18～20 千克。

六、化学防治

化学防治就是我们通常采用的利用化学农药直接杀死或抑制病虫害发生的措施。在现代梨树栽培中，应在其他防治方法难以控制病虫害危害的情况下，才使用化学防治技术。但在我国目前条件下，化学农药对病虫害防治，特别是对于暴发性病虫害，仍是最常用和有效的防治手段。关键是如何科学合理使用。

（一）化学农药的选择

在梨树现代栽培中，要生产高档化果品、无公害果品、绿色果品，就必须降低果品的农药残留量。禁止使用剧毒、高毒、高残留农药和致癌、致畸、致突变农药；提倡使用矿物源、植物源和微生物源以及高效、低毒、低残留农药。目前市场上销售的农药可以说五花八门，下面列举了几种梨园允许使用的主要农药品种、使用方法和防治对象（表 10-1、表 10-2），以及限制使用的农药（表10-3），以供参考。

表10-1　梨园允许使用的主要杀虫杀螨剂

农药品种	毒性	稀释倍数和使用方法	防治对象
1%阿维菌素乳油	低毒	5 000 倍液，喷施	梨木虱、叶螨
0.3%苦参碱水剂	低毒	800～1 000 倍液	蚜虫、叶螨
10%吡虫啉可湿粉	低毒	5 000 倍液，喷施	蚜虫、梨木虱、叶螨等
25%灭幼脲3号悬浮剂	低毒	1 000～2 000 倍液，喷施	梨大食心虫、梨小食心虫、蟠等
50%蛾螨灵乳油	低毒	1 500～2 000 倍液，喷施	桃小食心虫、梨小食心虫等
20%杀铃脲悬乳剂	低毒	8 000～10 000 倍液，喷施	梨小食心虫、蟠等
50%辛硫磷乳油	低毒	1 000 倍液，喷施	蚜虫、叶螨、卷叶虫等
5%尼索郎乳油	低毒	2 000 倍液，喷施	叶螨类
10%浏阳霉素乳油	低毒	1 000 倍液，喷施	叶螨类
20%螨死净胶悬剂	低毒	2 000～3 000 倍液，喷施	叶螨类
15%哒螨灵乳油	低毒	3 000 倍液，喷施	叶螨类
40%蚜灭多乳油	中毒	1 000～1 500 倍液，喷施	梨蚜虫及其他蚜虫
苏云金杆菌可湿粉	低毒	500～1 000 倍液，喷施	卷叶虫、叶螨、天幕毛虫等
10%烟碱乳油	中毒	800～1 000 倍液，喷施	蚜虫、叶螨、卷叶虫等
5%卡死克乳油	低毒	1 000～1 500 倍液，喷施	卷叶虫、叶螨等
25%扑虱灵可湿粉	低毒	1 500～2 000 倍液，喷施	介壳虫、梨木虱、叶螨等
50%马拉硫磷乳油	低毒	1 000 倍液，喷施	蚜虫、梨小食心虫等
5%抑太保乳油	中毒	1 000～2 000 倍液，喷施	卷叶虫、梨小食心虫等

表 10-2 梨园允许使用的主要杀菌剂

农药品种	毒性	稀释倍数和使用方法	防止对象
5%菌毒清水剂	低毒	萌芽前 30～50 倍液，涂抹，100 倍喷施	梨腐烂病、枝干轮纹病
腐必清乳剂（乳剂）	低毒	萌芽前 2～3 倍液，涂抹	梨腐烂病、枝干轮纹病
2%农抗 120 水剂	低毒	萌芽前 10～20 倍液，涂抹，100 倍喷施	梨腐烂病、枝干轮纹病
80%喷克可湿粉	低毒	800 倍液，喷施	斑点落叶病、轮纹病、炭疽病
80%大生 M-45 可湿粉	低毒	800 倍液，喷施	斑点落叶病、轮纹病、炭疽病
70%甲基托布津可湿粉	低毒	800～1 000 倍液，喷施	斑点落叶病、轮纹病、炭疽病
50%多菌灵可湿粉	低毒	600～800 倍液，喷施	轮纹病、炭疽病
40%福星乳油	低毒	600～800 倍液，喷施	斑点落叶病、轮纹病、炭疽病
1%中生菌素水剂	低毒	200 倍液，喷施	斑点落叶病、轮纹病、炭疽病
波尔多液	低毒	200 倍液，喷施	斑点落叶病、轮纹病、炭疽病
50%扑海因可湿粉	低毒	1 000～1 500 倍液，喷施	斑点落叶病、轮纹病、炭疽病
70%代森锰锌可湿粉	低毒	600～800 倍液，喷施	斑点落叶病、轮纹病、炭疽病
70%乙磷铝锰锌可湿粉	低毒	500～600 倍液，喷施	斑点落叶病、轮纹病、炭疽病
硫酸铜	低毒	100～500 倍液，喷施	根腐病
15%粉锈宁乳油	低毒	1 500～2 000 倍液，喷施	梨锈病
石硫合剂	低毒	发芽前 3～5 波美度	杀灭一切越冬害虫和病菌孢子等

（续）

农药品种	毒性	稀释倍数和使用方法	防止对象
843康复剂	低毒	5～10倍液，涂抹	干枯型腐烂病
68.5%多氧霉素	低毒	1 000倍液，喷施	斑点落叶病等
75%百菌清	低毒	600～800倍液，喷施	斑点落叶病、轮纹病
50%硫胶乳剂	低毒	200～300倍液，喷施	梨锈病

表10-3　梨果园限制使用的主要农药品种

农药品种	毒性	稀释倍数和使用方法	防止对象
50%抗蚜威可湿粉	中毒	800～1 000倍液，喷施	梨蚜、瘤蚜等
2.5%功夫乳油	中毒	3 000倍液，喷施	梨小食心虫、叶螨等
30%桃小灵乳油	中毒	2 000倍液，喷施	梨小食心虫、叶螨等
80%敌敌畏乳油	中毒	1 000～2 000倍液，喷施	梨小食心虫、蚜虫、卷叶蛾等
50%杀螟硫磷乳油	中毒	1 000～5 000倍液，喷施	卷叶蛾、桃小食心虫、介壳虫
20%氰戊菊酯乳油	中毒	2 000～3 000倍液，喷施	梨小食心虫、蚜虫、卷叶蛾等
2.5%溴氰菊酯乳油	中毒	2 000～3 000倍液，喷施	梨小食心虫、蚜虫、卷叶蛾等
10%歼灭乳油	中毒	2 000～3 000倍液，喷施	梨小食心虫

（二）合理使用化学农药

1. 安全与防治效果　使用农药时，首先必须了解农药的性能、剂型、使用方法、防治对象和注意事项。防止对梨树产生药害和引起梨果公害。为保证防治效果，应根据梨树病虫害的发生发展规律，做好病虫害的预测预报，找出它的薄弱环节，选择最佳防治时期和适宜的农药种类。

2. 保护和利用天敌（见生物防治）

3. 轮换使用农药　梨树病虫害防治用药一般为 15～20 天喷
1 次。为减轻病虫害对药剂产生抗药性，使用农药时，应注意轮
换使用具有不同杀菌或杀虫机理的农药，并能提高防治效果。

4. 合理混合农药　一般情况下，杀菌剂与杀虫剂可混合使
用，两种同类型的杀菌剂之间不宜混合使用，两种同类型的杀虫
剂也不宜混合使用，更不能 3～4 种杀菌剂互相混合，或 3～4 种
杀虫剂互相混合。有些农药在碱性条件下容易分解，不能与碱性
药剂混用。因此，使用农药时必须详细阅读说明书。

5. 提高喷药质量，增加用药效果　当前梨园用药大多数为
人工或机械喷雾施药，喷药时应尽量使用喷头且压力要大，用喷
枪时提高雾化程度，保证每个叶片的背面、果实、枝干上都能均
匀地喷到药液，以提高用药效益。

七、梨树病虫害综合防治年历（表 10 - 4）

表 10 - 4　梨树病虫害综合防治年历（中部地区）

物候期	防治对象	防治措施
萌动前 （2月至3月初）	梨木虱、梨蝽、红蜘蛛、梨大食心虫、蚜虫、梨瘤蛾、梨黑星病、轮纹病、腐烂病	刮主干、主枝粗皮，剪除病虫枝条；喷 3～5 波美度石硫合剂
开花前 （3月下旬至4月初）	梨木虱、梨实蜂、梨茎蜂、星毛虫、梨蚜	喷 1% 阿维菌素 3 000 倍液＋5% 吡虫啉 2 000～3 000 倍液
落花后 （4月下旬至5月初）	梨小食心虫、梨茎蜂、茶翅蝽、金龟甲、梨黑星病	结合疏花疏果，摘虫果、掰虫芽、早、晚震树或种向日葵诱杀、捕杀成虫防治梨茎蜂等；糖醋液诱杀梨小食心虫等；及时套袋；喷石灰倍量式波尔多液或退菌特 800 倍液

（续）

物候期	防治对象	防治措施
麦收前 （5月中下旬）	梨黑星病、轮纹病、茶翅蝽	喷50%多菌灵700倍液＋25%灭幼脲3号2 000倍液
麦收后 （6月中下旬）	红蜘蛛、梨木虱	人工摘除虫害果、拣拾落地果，集中埋掉；喷1%阿维虫清3 000倍液＋30%蛾螨灵1 500～2 000倍液
果实速长期 （7月上中旬）	梨黑星病、轮纹病	喷1∶3∶200倍波尔多液或50%多菌灵600～800倍液
果实膨大期 （7月下旬）	梨小食心虫、桃蛀螟、梨黑星病	喷30%蛾螨灵2 000倍液＋甲基托布津700倍液
果实膨大期 （8月上中旬）	梨小食心虫、红蜘蛛、梨黑星病	喷1∶3∶200倍波尔多液＋乙磷铝
采收前20天 （8月上旬至9月上旬）	梨黑星病、黄粉虫	喷多菌灵700倍液＋20%好年冬乳油2 000～4 000倍液
落叶期 （11月）	越冬病虫及生理病害	清除杂草、落叶、病果、枯枝、喷石硫合剂
休眠期 （12月至翌年1月）	腐烂病、干腐病、轮纹病、梨黑星病、蚜虫、介壳虫、梨茎蜂、梨木虱	结合冬剪，剪除病虫枝，刮治介壳虫，刮除病斑后涂抹腐必清2～5倍液，彻底清园

第二节　梨树病害

我国梨树病害有80余种，其中发生普遍和为害严重的有黑星病、锈病、轮纹病、腐烂病、黑斑病等。这些病害导致梨树生长衰弱，结果延迟，产量下降及品质变劣，损失很大。下面就这些主要病害的发病症状、发病规律及其防治方法作一详细介绍。

一、梨黑星病

梨黑星病又名疮痂病，在我国梨产区发生普遍，是梨树的一种主要病害。

(一)症状

黑星病可为害果实、果梗、叶片、叶柄、新梢和芽鳞等部位。梨树受害后，病部形成明显的黑色霉斑，这是该病的主要特征。

果实受害，先出现淡黄色圆形小病斑，病斑逐渐扩大，病部稍凹陷，上长黑霉。被害的幼果，多龟裂并成干疤，易早期落果。

果梗上发病多在幼果期，出现黑色椭圆形凹斑，上长黑霉。

叶片上发病首先在叶背面出现圆形、椭圆形或不规则形状的淡黄色斑，以后病斑稍有扩大，出现煤烟状的黑色霉状物，为害严重时，许多病斑相互连接，在整个叶片的背面布满黑色霉层，其中叶脉上最易着生。

叶柄染病时，首先出现针头大小的黑斑，后不断扩大，绕叶柄一周时，由于影响水分及养料运输，往往引起早期落叶。

新梢染病有两种症状。一种是由越冬芽染病所引起的病芽梢，这种病梢一般是春季在病梢的基部先变成黄褐色，继而变黑坏死，并且病部长满黑霉，终致新梢全部枯死；另一种症状是由夏季感染所致，这种病梢一般是先在新梢上出现黑色或黑褐色病斑，稍隆起如豆粒大，在病斑表面布满黑霉，最后病斑呈疮痂状，并出现龟裂。以后龟裂处，会翘起脱落，仅留疤痕。

越冬芽被侵染，芽片松散，并有黑霉，第二年萌发形成病芽梢。病芽受害严重时，鳞片开裂，全芽枯死。

(二)发病规律

病菌主要以分生孢子或菌丝体在鳞片内、枝梢病部和落叶上越冬。第二年4月，多在新梢基部先发病并成为病原中心。4月下旬至 5 月上旬，叶片、幼果出现病斑，病菌借雨水传播，因而降雨是梨黑星病侵染危害的必要条件。5 月中旬至 6 月华北地区干燥少雨，多数年份发病很轻，6 月底至 8 月中下旬，华北地区一般是雨季，为发病高峰期，秋季雨水多的年份，仍会持续发病。

不同品种对黑星病的抗性不同，一般以中国梨最易感病。发病重的品种有鸭梨、京白梨、秋白梨、宝珠梨等。其次为砀山酥梨、莱阳茌梨，而以西洋梨系统的品种抗性最强，日本梨次之。

（三）防治方法

1. 秋冬季清园　清除落叶落果，同时结合修剪，剪除病枝、病芽并集中烧毁或深埋。

2. 采取农业措施　加强栽培管理，增施有机肥，增强树势，提高树体抗病能力。

3. 药剂防治　发芽前全园喷布 3～5 波美度石硫合剂，以铲除树上的越冬病原。5 月以后，根据梨树病情和降雨情况及时喷药。一般第一次喷药在 5 月中旬（病梢初现期），第二次在 6 月中旬，第三次在 6 月末至 7 月上旬，第四次在 8 月上旬。可选用的药剂有：1∶2∶200 倍波尔多液，50％多菌灵可湿性粉剂 800 倍液，50％甲基托布津 800 倍液，40％福星乳油 8 000～10 000 倍液，或 62.25％仙生可湿性粉剂 600 倍液。

二、梨锈病

梨锈病又称赤星病、羊胡子病等，以在梨园附近有桧柏栽培的地区发病严重。

（一）症状

梨锈病主要为害叶片和新梢，严重时也能为害幼果。叶片受害时，在叶正面产生有光泽的橙黄色的病斑，病斑边缘淡黄色，中部橙黄色，表面密生橙黄色小粒点，天气潮湿时，其上溢出淡黄色黏液，即性孢子。黏液干燥后，小粒点变为黑色，病斑变厚，叶正面稍凹陷，叶背面稍隆起，此后从叶背病斑处长出淡黄色毛状物，这是识别本病的主要特征。新梢和幼果染病也同样产生毛状物，病斑以后凹陷，幼果脱落。新梢上的病斑处易发生龟裂，并易折断。

（二）发病规律

锈病病菌春季从桧柏上随风力传播到梨树上为害，为害的程度与桧柏的多寡及距离远近有关。锈孢子传播的有效距离为5～10千米，但以距梨园1.5～3.5千米以内的桧柏对发病影响最大。另外，病菌一般只能侵害幼嫩的组织。当梨芽萌发，幼叶初展时，如天气多雨，风力较大则发病较重。病菌最适萌发温度为22～24℃，侵入寄主后需潜伏6～10天才出现病斑，20～25天后可形成羊胡子状的锈孢子器，这种锈孢子不能再为害梨树，转而侵害桧柏嫩叶或新梢，并在桧柏上越夏越冬，翌春形成冬孢子角，冬孢子角又转主寄生为害梨树，如此循环为害。

（三）防治方法

砍除梨园附近的桧柏，以断绝病菌来源，或于早春对桧柏喷1～2次3～5波美度石硫合剂，以减少或抑制病原。梨树上发现有锈病发生时，应在开花前、谢花末期和幼果期喷药保护。常用药物有：25％粉锈宁可湿性粉剂1 500倍液，石灰倍量式波尔多液200倍液，3％绿得保胶悬剂300～500倍液或80％代森锰锌800倍液等。

三、梨轮纹病

梨轮纹病又称粗皮病、瘤皮病，是我国梨树重要病害之一，特别是20世纪90年代以来，梨轮纹病有发展趋势，已成为生产上突出的问题。

（一）病症

梨轮纹病主要为害枝干和果实，其次是叶片。

枝干受害，通常以皮孔为中心产生褐色凸起的小斑点，后逐渐扩大成为近圆形或不正形的暗褐色病斑，初期病斑隆起呈现瘤状，后病斑周围有时环状下陷。第二年，病斑上出现许多黑色小粒点，即为轮纹病菌的分生孢子器，病斑与健部裂缝逐渐加深，病组织翘起，病情严重时，许多病斑连接在一起，使枝干表皮极为粗糙。

果实多在近成熟期或贮藏期发病，以皮孔为中心发生水渍状褐色近圆形的斑点，后逐渐扩大，呈暗红褐色，有时有明显的同心轮纹。病斑发展迅速，病果很快腐烂，并流出茶褐色黏液，有些病果最后也会干缩成僵果。

叶片发病，多从叶尖上开始，产生不规则的褐色病斑，后逐渐变为灰白色，严重时，叶片提早脱落。

（二）发病规律

病菌以菌丝体、分生孢子器和子囊壳等形式在枝干病部越冬。翌年早春恢复活动，3月上旬即可捕捉到孢子。分生孢子在下雨时散出，引起初次侵染。因而病菌主要靠雨水传播。相对湿度75%以上或降水量达10毫米时，病菌传播最快。老病斑在3月中旬开始扩展，4月上旬至5月上旬扩展速度较快。果实从5月上旬至8月上旬均可感病，病菌侵入后，潜育期长，一般至成熟后才陆续发病表现症状。

（三）防治方法

1. 加强栽培管理　增施有机肥，提高树势，增强树体抗性。轮纹病是弱寄生菌，树体衰弱则发病严重，树体健壮则发病轻或只感病而不发病。

2. 冬季认真做好清园工作　彻底清除枯枝落叶，并对被害病枝上的病斑及时刮除，而后用5波美度石硫合剂或腐必清2～3倍液消毒伤口，并将刮掉的组织及清除的枯枝落叶集中烧毁，以减少越冬病原。

3. 喷药保护　果树发芽前喷布5波美度石硫合剂。梨树谢花后，视降雨情况并结合防治其他病害及时喷药，可选用的药剂有：50%多菌灵可湿性粉剂600～800倍液，70%代森锰锌可湿性粉剂500～600倍液，50%退菌特可湿性粉剂600～800倍液等交替使用，但退菌特在果实采收20天前要停止使用。

四、梨褐斑病

梨树褐斑病又称斑枯病、白星病，各地梨区都有少量发生，仅为害叶片，一般不成灾。但南方梨区发病较重，严重发病的果园，引起大量早期落叶造成减产。

(一) 症状

病叶上有近圆形病斑，以后逐渐扩大。病斑中间为灰白色，其上密生黑色粒点，周围淡褐色至深褐色，最外层为紫褐色至黑色。发病严重的叶片，一片叶上往往有十多个病斑，后互相连接呈不规则大病斑，导致叶片早期落叶。

(二) 发病规律

病菌在落叶的病斑上越冬，翌年春天梨树发芽后借风雨传播并黏附在新叶上，待条件适宜时，孢子发芽侵入叶片，引起初次侵染。孢子可进行再侵染。在雨水多的年份和月份发病严重，北方7月上旬进入雨季后，发病盛期，落叶最多。

不同的品种对褐斑病的抵抗力不同，一般来说，以西洋梨品种最易感病，日本梨次之，中国梨大部分品种抗此病能力较强，少数品种也易感该病。

(三) 防治方法

1. 做好清园工作　秋冬季认真扫除落叶，集中烧毁或深埋土中，以减少病原。

2. 加强栽培管理　增施有机肥，合理整枝修剪，促使树体健壮，提高抗病力。

3. 药剂防治　梨树萌芽前喷1∶2∶160～200波尔多液，谢花后如遇雨立即喷一遍 50% 退菌特 500 倍液及石灰倍量式波尔多液，7～8 月结合防治其他病害，每隔 20 天喷一遍石灰等量式波尔多液，但采收前 20 天停用，以免影响果实外观。

五、梨树腐烂病

梨树腐烂病又称臭皮病，在我国各梨区都有发生。发病后常引起全株死亡，对生产影响很大。

（一）症状

梨树腐烂病主要为害主干、主枝及侧枝上的向阳面及枝杈部。在大树上，以表皮光滑的 3 年生以上大枝最易发病；在幼树上，2 年以上细枝也能发病。

在发病初期，病斑稍隆起，呈水渍状，红褐色，用手压之下陷，并溢出红褐色汁液，散发出酒糟味，以后病部逐渐凹陷、干缩，在病健部出现龟裂，表面布满黑色小点，当空气潮湿时，从中涌出淡黄色孢子角。在抗病性较强的中国梨上，病部扩展一般比较缓慢，很少环绕整个枝干。一般只是树皮表层腐烂，形成层不致被害，但是在衰弱的树上或遭受冻害的西洋梨上，病部可深达木质部，破坏形成层，病斑会环绕枝干一周，造成梨树死亡或严重削弱树势。

（二）发病规律

病原菌以菌丝体、分生孢子器及子囊壳在枝干病部越冬，早春树体萌动时开始产生分生孢子并随雨水传播，多从伤口侵入。病害发生一年有两个高峰，春季盛发，夏季停止扩展，秋季再次活动，但没有春季严重。

发病与土质、树龄、枝干部位、品种有一定关系。土质为沙质土的梨园，一般发病重，有机质含量高的沙壤土中种植梨树发病率低；七八年以上的结果树及老树较易发病；在光滑的大枝上或树干分叉的向阳面容易发病；西洋梨在遭受冻害后容易发病；树势衰弱发病重，树势强，发病轻。

（三）防治方法

①科学施肥浇水，增施有机肥，控制产量，合理施肥，增强树势是防治的重要环节。

②秋季梨树落叶后对易感病的品种进行枝干涂白，防止冻伤和日烧。

③春季梨树发芽前刮除病斑。刮治时要注意边缘光滑，刮到病斑以外 0.5～1 厘米处，呈梭形，以便愈合。刮后要对伤口及工具用腐必清 2～3 倍液或 9288 等农药进行消毒，有良好防效。

④春季萌芽前喷 5 波美度石硫合剂。另外修剪后留下的剪锯口要在发芽前涂抹 100 倍的高浓度萘乙酸水溶液（萘乙酸原粉先用少量 70％酒精溶解后再兑水），既防萌生徒长枝，又促进剪锯口愈合。另外要注意防治枝干害虫，以减少伤口。

六、梨黑斑病

（一）症状

梨黑斑病主要为害果实，叶片及新梢。

幼嫩的叶片最早发病，开始出现小黑斑，近圆形或不整形，后逐渐扩大，潮湿时出现黑色霉层，即为病菌的分生孢子梗及分生孢子。叶片上病斑多时合并为不规则的大斑，引起早期落叶。

幼果受害，在果面上产生漆黑色圆形病斑，病斑逐渐扩大凹陷，并长出黑霉。以后病斑处龟裂，裂缝可深达果心，有时裂口纵横交错，并在裂缝内产生黑霉，病果易脱落。

新梢受害，病斑早期黑色，椭圆形或梭形，以后病斑干枯凹陷，淡褐色，龟裂翘起。

（二）发病规律

病菌以分生孢子及菌丝体在被害枝梢、病叶（包括落于地面的病叶）、病果及树皮上越冬。第二年春季，梨树展叶后，分生孢子通过风雨传播到新叶、新梢上，引起初次侵染。条件适宜时，侵入寄生的病菌 1～2 天即可出现症状。枝条上的病斑形成的孢子被风雨传出去后，隔 2～3 天又会形成一批新孢子，如此可重复 10 次以上，因此，只要条件合适，极易在短期内暴发。

在果树生长季节，一般气温 24～28℃，同时连续阴雨时有利于此病发生蔓延；树龄 10 年以上，树势衰弱者发病严重；日本梨系统一般易感病。

（三）防治方法

1. 做好清园工作　清除枯枝落叶、病果，并结合冬剪，剪除有病枝梢，集中烧毁。

2. 加强栽培管理　增施有机肥，防止梨树坐果太多，同时避免偏施氮肥、枝梢徒长及园内积水。

3. 果实套袋保护　早期发现病叶、病果及时摘除。

4. 喷药保护　发芽前喷 5 波美度石硫合剂与 0.3％五氯酚钠混合液，果树生长期喷药次数要多些。套袋前，必须打一遍药，打后立即套袋。喷药在雨前效果好。可选用的药剂有：50％多菌灵可湿性粉剂 600 倍液，7.5％百菌清可湿性粉剂 800 倍液，50％退菌特可湿性粉剂 600 倍液等。

七、梨根朽病

（一）症状

梨根朽病主要危害根颈和主根，初期病部水渍状，紫褐色，皮层肿胀松软，有时溢出褐色汁液。皮层内及皮层与木质部之间充满扇状分布的菌丝层，初为白色、淡黄色，老熟后呈黄棕色至棕褐色。后期，皮层分离为多层片状，木质部多腐朽，具有浓厚的蘑菇气味。新鲜菌丝层在黑暗处可发出蓝绿色荧光。高温多雨季节，在病树根颈部或露于地面的病根上丛生蜜黄色蘑菇状的子实体，菌盖 3～11 厘米，柄长 4～9 厘米，无菌环。当病部环绕根颈后，导致病树死亡。

树上部症状，初期叶小而黄，新梢生长缓慢，随着病情逐渐加重，枝叶逐渐凋萎，生长极度衰弱，最终全树死亡。

（二）发病规律

病菌以菌丝体在病树根部或随病残组织在土壤中越冬。病菌主要靠病健根互相接触在株间传染，也可由工具或流水使病残组织转移而传染。病害在果树生长期间均可发生，在适温高湿条件下病害加剧发生，高温干旱抑制病菌扩展。果园地势低洼、地下水位高、排水不良、土壤长期潮湿，有利于病害发生。

（三）防治方法

①平整树盘，防治积水，增施有机肥和绿肥，改良土壤。解冻后扒土晾晒根颈，夏季将土返回。病树不留果或少留果，以利恢复树势。

②在病、健树之间挖沟隔离，防止病菌蔓延。

③刮除根颈部病斑，用10波美度石硫合剂或30％腐烂敌40倍液消毒伤口。

④对根周围土壤浇灌40％甲醛100倍液或45％代森铵水剂500倍液、70％甲基托布津可湿性粉剂500倍液。每株大树浇灌药液20～25升，幼树酌减。

八、梨根癌病

（一）症状

梨根癌病主要为害根颈部，病根形成大小不等的癌瘤，初淡褐色，表面粗糙不平，柔软；后色变深，成为坚硬的木瘤，被害植株地上部分发育显著受到阻碍，植株矮小，叶片黄化。

（二）发病规律

病原细菌在土壤或病组织中越冬。通过雨水和昆虫传播。

（三）防治方法

1. 选择苗圃地 选择未发生过根癌病的土地作为苗圃，避免使用老果园、老苗圃作为育苗场地。

2. 改进嫁接技术 嫁接苗木最好采用芽接法，避免伤口接触土壤减少感病机会。

3. 苗木检查和消毒　对嫁接用的砧木，在移栽时进行根部检查，出圃苗木要进行严格检查，发现病苗，予以淘汰。对于输出或外来苗木，在抽芽前将嫁接处以下部位，用1‰硫酸铜浸5分钟，再移浸于2‰石灰水中1分钟。

4. 病瘤处理　定植后的果树上发现病瘤，应彻底刮除，再涂波尔多液浆保护。

5. 改良土壤　碱性土壤有利于发病，适当增施酸性肥料，以改变土壤反应。

九、贮藏期病害

(一) 梨黑心病

梨黑心病主要发生在鸭梨和雪花梨上。果实在0℃冷库贮藏30～50天后，即可发病，在土窖贮藏也可发生。发病初期，先在果心的心室壁与果柄维管束连接处产生芝麻粒大小的浅褐色病斑，后逐渐向心室内扩展，使整个果心变为褐色至黑褐色。继续向外扩展，果心附近的果肉也出现褐变，边缘不明显，风味变劣。果心及果心附近果肉变褐时，果实表面一般没有异常变化。随病情加重，果肉褐变继续向外扩展，导致外部果肉变褐，此时果皮呈现淡灰褐色的不规则晕斑，梨果大部果肉发糠，质量轻，硬度差，手捏易陷，不堪食用。梨黑心病有早期黑心和晚期黑心两种类型。前者在入冷库30～50天后发病，初步认为是由于梨果入库后急剧降温所致的一种冷害；后者一般发生在土窖贮藏条件下或冷库长期贮藏的后期，认为是果实自然衰老所致。生长后期大量施用氮肥及贮藏环境中二氧化碳含量过高均可加重该病的发生。

防治方法：冷库逐渐降温。梨果入库时，库温不得低于15～16℃，要求两天入满一库。入满库后开始降温。起初每5天降1℃，降至12℃后，每3天降1℃，降到5℃后，每天降1℃，一直到1℃，并保持在1℃±0.5℃。总之，前期降温速度宜慢，中后期适当加快。贮藏温度绝不能低于 0℃，在库温度低于 0℃的条件下，果实易遭受冷害而发生黑心或红肉。

控制冷库气体成分。把贮藏环境中的二氧化碳控制在 0.7%，氧气 12%～13%，其他为氮气的条件下，可有效地防止发生黑心病。

（二）鸭梨黑皮病

鸭梨黑皮病是由于贮藏过程中一些酶的不正常活动，使表皮细胞黑色素大量沉积所造成的。另外，采收早晚、树龄大小、贮藏环境等均可影响该病发生。果实发病，表面产生许多褐色至黑褐色的斑块，严重时联合成片，甚至蔓延到整个果面，但皮下果肉仍保持正常，不变褐。

防治方法：改善贮藏条件，适当通风换气，严格控制温度变化；采用梨果保鲜纸或单果塑料袋包装，可显著降低梨果酶的氧化作用，防止黑色素形成；用经 50% 虎皮灵 500 倍药液浸过的药纸包果贮藏，能显著减轻病害发生。

（三）长把梨红心病

长把梨红心病主要是果实过度衰老所致，树势衰弱、土壤瘠薄、采收过晚、入库不及时、果实呼吸强度增高等，均可加重该病发生。果实受害，多在贮藏后期发生，初期果心变红褐色，稍后果心附近果肉亦开始变色。变色部位先从果肩部开始，逐渐向胴部及果顶部的皮下果肉蔓延，后期果肉大部变为红褐色。病部皮色暗淡，果肉呈水渍状，初期果味淡而不酸，后期逐渐变质，失去原有风味。最后整个果实腐烂，失去商品价值。

防治方法：适当提前采收，采后及时入库，并将库温保持在 0～2℃。

（四）梨果冷害

梨果冷害是由于果实较长时间在冰点温度（℃）以下贮藏引起，主要发生在贮藏中后期。0℃以下，梨果组织内水分结冰，细胞液浓度增高，原生质发生凝固，从而导致果肉坏死、褐变。

初期果实表面正常，果肉组织变褐、失水、坏死，导致果肉发糠；后期，随病情加重，内部果肉变褐范围扩大，发糠程度加重，果实表面逐渐出现不明显的淡褐色晕斑。

防治方法：果实入库温度不要过低，入库后降温不要过急；贮藏期控制好贮藏温度（1～2℃），使之保持均匀一致，防止局部地方温度过低受冻。

（五）梨褐烫病

梨褐烫病病因还不清楚，有人认为是贮藏环境通风不良，果实吸收了本身的新陈代谢产物所导致的中毒现象，也有人认为是生长中后期偏施氮肥、果实采收较早或成熟度不足所致。梨褐烫病贮藏期间一般果实不表现明显症状，当病果转至室温条件时，才逐渐发病。转至室温几天后，果面即可出现褐色病斑，严重时，病斑凹陷，病皮可成片撕下，影响外观质量和商品价值。该病斑一般仅限于果实表面，不深入果肉内部。

防治方法：控制贮藏环境，加强通风透气，保证贮藏温度。

药剂处理：用 0.25%～0.35%乙氧基喹药液，或 1%～2%卵磷脂溶液，或 50%虎皮灵乳剂 125～250 倍液浸果，晾干后装箱贮藏；或用上述药剂涂纸后包裹或浸泡果箱等，均有较好防效。

（六）梨果二氧化碳中毒症

二氧化碳中毒症多发生在梨果贮藏中后期。梨果采收后含水量较多，呼吸强度过旺，及贮藏环境中二氧化碳浓度过高等，均可导致该病发生。初期梨果心室变褐至黑褐色，形成腐烂病斑，后使整个心室壁变褐腐烂，最终导致果肉腐烂。有时果肉组织坏死，呈蜂窝状褐变。病果变轻，弹敲有空闷声。

防治方法：采收前期注意控制浇水，适当降低果实含水量。注意控制贮藏环境中二氧化碳的浓度与比例，以氧气 12%～13%、二氧化碳 1%以下为宜。加强贮藏环境通风换气，防止二氧化碳过度积累。

第三节　梨树害虫

梨树害虫的种类在我国有 300 余种，其中发生普遍的有梨大食心虫、梨小食心虫、山楂叶螨、梨实蜂、梨茎蜂等。一般管理粗放，使用药剂少的梨园食叶性害虫如梨瘤蛾比较严重，相反在栽培管理较好，使用农药较多的果园螨类、梨木虱、蚧类则比较突出，它们都是主要的防治对象。

一、梨大食心虫

梨大食心虫，俗称吊死鬼，简称梨大，主要为害梨果和梨芽。

（一）为害

越冬幼虫从花芽基部蛀入，直达花轴髓部，虫孔外有由丝缀连的细小虫粪，被害芽干瘪。越冬后的幼虫转芽为害，芽基留有蛀孔，鳞片被虫丝缀连不易脱落。花序分离期为害花序，被害严重时，整个花序全部凋萎。幼果被害时，虫果干缩变黑，果柄被虫丝牢固的缠于果台上，悬挂在枝上，经久不落，故称为"吊死鬼"。

（二）形态特征

成虫体长 10～12 毫米，翅展 24～26 毫米，体暗灰褐色；卵初为乳白色，后变为红色，圆形，稍扁平，长约 1 毫米；幼虫体淡红色，老熟幼虫体背为暗红褐色至暗绿色；蛹黄褐色，长约 13 毫米，腹部末端有 6 根弯曲的钩刺，排成一横列。

（三）生活史及习性

梨大食心虫在河南郑州一年发生 2～3 代。以幼虫在梨芽中结白色小茧越冬，第二年春梨花芽露绿时，越冬幼虫开始出蛰。幼虫出蛰后 7～10 天进入转芽盛期，这是防治的有利时机。开花后，当梨果长到拇指大时（4 月下旬）开始转入幼果为害，5 月中旬至 6 月上旬在果内化蛹，6 月中旬成虫出现，将卵产于果实萼洼、芽腋处。幼虫孵化后，先为害当年芽，然后再为害果。第二次成虫在 7 月下旬至 8 月中旬羽化，卵几乎都产在芽旁，幼虫多数在芽内为害一段时间后越冬。

梨大食心虫的发生量与气候关系很大，如成虫发生期多雨、湿度大，则发生严重，干旱年份则发生轻。

（四）防治方法

1. 冬季修剪时剪除被害芽 鳞片脱落期用竹棍轻敲梨枝，鳞片震而不落的即为被害芽，应及时掰去。

2. 5 月中旬以前彻底摘除虫果 由于幼虫转果时间不整齐，应连续摘虫果二三次，并在成虫羽化以前完成，黄河故道地区应在麦收前全部摘完。

3. 药剂防治 越冬幼虫出蛰转芽期，施用杀灭菊酯 2 500 倍液或功夫 4 000 倍液。此期是全年药剂防治的关键时期；在转果期可喷布敌杀死 2 500 倍液或功夫 4 000 倍液。此次喷药，防治效果不如转芽期高，只是弥补转芽期防治的不足，如转芽期防治得好，这时可不必再施药。在第二代成虫的产卵期，必要时可喷布菊酯类农药进行防治。

二、梨小食心虫

梨小食心虫简称梨小，主要为害梨、桃、苹果，在桃梨混栽的梨园受害较重。

（一）为害

前期为害桃、杏、李嫩梢，多从新梢顶部第二三片叶的叶柄基部蛀入，在髓部向下蛀食，被害梢端部凋萎、下垂，受害部流有胶液。幼虫害果多从梗洼或萼洼蛀入，入果孔周围变黑腐烂，内有虫粪。后期蛀果孔小，孔口周围绿色，果内蛀道直达果心，果形不变。

（二）形态特征

成虫体长 6～7 毫米，翅展 10.6～15 毫米，灰褐色，前缘具有 10 组白色斜纹，翅面中央有一小白点，近外缘处有 10 个黑色斑点；卵扁椭圆形，淡黄白色、半透明；末龄幼虫体长 10～13毫米，淡黄白色或粉红色；蛹纺锤形，黄褐色；茧为灰白色。

(三) 生活史及习性

梨小食心虫在黄河故道地区一年 4～5 代。以老熟幼虫在枝干裂皮缝隙及树干周围的土缝里结茧越冬。翌年 3 月开始化蛹，4 月上中旬成虫羽化，4 月下旬至 5 月初第一代幼虫开始为害桃梢。第二代幼虫也为害桃梢，3～4 代在梨果上为害，为害梨果的卵多产在梨果萼洼处或两果接缝处。蛀果盛期在 8 月下旬至 9月上旬，所以晚熟品种受害最重。

梨小食心虫对糖、醋、酒的气味和黑光灯有趋性，成虫多在8：00～9：00 羽化，傍晚活动交尾，夜间产卵，多产在味甜皮薄质细的果实上。

(四) 防治方法

①建园时，尽量避免将桃、梨混栽，以杜绝梨小食心虫交替为害。

②做好清园工作，在冬季或早春刮掉树上的老皮，集中烧毁，清除越冬幼虫。越冬幼虫脱果前，可在树枝、树干上绑草把，诱集越冬幼虫，于翌年春季出蛰前取下草把烧毁。

③果园内设黑光灯或挂糖醋罐诱杀成虫，糖醋液的比例是红糖 5 份、酒 5 份、醋 20 份、水 80 份。

④用性诱捕器和农药诱杀，一般每亩地挂 15 个性诱捕器，虫口密度高时，要先喷一遍长效专用杀虫剂然后再挂。

⑤药剂防治，在成虫高峰期及时用药，药剂可用 5％阿维虫清 5 000 倍液或 25％蛾螨灵 3 000 倍液等。

三、梨黄粉虫

梨黄粉虫又名梨黄粉蚜，俗名膏药顶，黑屁股等，寄主只有梨。

（一）为害

成虫、若虫常群集在果实的萼洼部位刺吸果实的汁液，被害部不久变为褐色或黑色，故称为膏药顶。果面上虫量大时，能看到一堆堆的黄粉，此为该虫的卵堆及小若蚜，因此，称为黄粉蚜。

（二）形态特征

梨黄粉虫有干母、普通型、性母和有性型4种。其中干母、普通型、性母均为雌性，行孤雌卵生繁殖，形态相似，体形略呈倒卵圆形，鲜黄色，体上有一层薄蜡粉、无翅、无尾片。雌性蚜，长椭圆形，鲜黄色，口器退化；卵椭圆形，淡黄色；若虫形似成虫，仅虫体较小，淡黄色。

（三）生活史及习性

黄粉虫一年发生10代左右，以卵在枝干的裂缝翘皮或枝干上的残附物内越冬。第二年4月梨树开花时卵孵化，5～6月陆续转移到果实萼洼、梗洼处，继而蔓延到果面等处。8月中旬为害最重。成虫活动力较差，多喜在背阴处栖息吸食，而套袋果更易遭受为害。

（四）防治方法

①早春认真刮除树体上的粗皮，翘皮及附属物，以清除越冬虫卵。

②梨树发芽前，树体喷布5%柴油乳剂杀灭虫卵。

③花前及麦收前后，喷0.2波美度石硫合剂，并添加0.3%洗衣粉，以增加黏着性。

④梨黄粉虫害果期，喷药的重点是果实的萼洼处。可选用10%吡虫啉可湿性粉剂8 000～10 000倍液，20%好年冬乳油2 000～4 000倍液。

四、梨二叉蚜

梨二杈蚜又称梨蚜、卷叶蚜。在国内各梨区几乎都有发生。

（一）为害

成虫常群集在芽、叶、嫩梢和茎上吸食汁液，以枝梢顶端的嫩叶受害最重。受害叶片伸展不平，由两侧向正面纵卷成筒状，早期脱落，影响花芽分化与产量，削弱树势。

（二）形态特征

无翅胎生雌蚜体长 2 毫米左右，绿色或黄褐色，常被薄层白粉；有翅胎生雌蚜长 1.5 毫米，宽 0.76 毫米；卵椭圆形，黑色有光泽；若蚜与成蚜相似，体小，绿色。

（三）生活史及习性

一年发生 10～20 代，以卵在芽腋或小枝的粗皮裂缝中越冬。春季为害花序和幼叶，使叶片卷成筒状，不能正常进行光合作用。以梢顶嫩叶受害较重，一般落花后，大量出现卷叶，气候干旱，温度高时，发生严重。麦收后产生有翅蚜虫，飞到其他寄主上为害，落叶前，有翅蚜产生无翅蚜后代，到落叶时长成雌雄两种蚜虫，交配产卵越冬。

（四）防治方法

①在发生数量不大的情况下，摘除被害卷叶，集中处理消灭蚜虫。

②梨花芽膨大露绿至开裂以前，是防治的关键时期。卷叶后施药效果不好。可喷洒 10％吡虫啉可湿性粉剂 5 000 倍液，25％敌杀死 2 500 倍液，20％杀灭菊酯 2 500 倍液。

③保护和引放天敌，例如瓢虫、草蛉、食蚜蝇等，对二叉蚜有很好的抑制作用。

五、梨木虱

在我国梨区普遍发生为害的为中国梨木虱，有的年份极为严重。

（一）为害

成虫、若虫多集中于新梢、叶柄为害，夏秋多在叶背取食。

若虫在叶片上分泌大量黏液，这些黏液可将相邻两片叶黏合在一起，若虫则隐藏在中间为害，并可诱发煤烟病等。当有若虫大量发生时，若虫大部分钻到蚜虫为害的卷叶内为害，为害严重时，全叶变成褐色，引起早期落叶。

（二）形态特征

冬型成虫黑褐色，夏型成虫黄绿色至淡黄色；卵一端稍尖具有细柄。越冬成虫早春产卵黄色，夏季卵均为乳白色。若虫，体扁椭圆形。初孵若虫淡黄色，夏季各代若虫体色随虫体变化由乳白色变为绿色，老若虫绿色。

（三）生活史及习性

在黄河故道地区一年发生5～7代。以成虫在树枝上或树皮裂缝、落叶杂草及土隙中越冬。成虫出蛰后先集中到新梢上取食为害，交尾产卵。第一代卵出现于3月中旬，越冬成虫出蛰盛期正是第一代卵出现的初期，这是药剂防治的最有利时期。此时，成虫暴露在枝条上，进行连续防治效果非常好。越冬成虫活泼善跳，卵主要产在短果枝的叶痕上，呈线形排列，以后各代卵大多产在叶片中脉沟内，且分泌大量糖蜜状黏液，易生黑霉。以后世代重叠，各种虫态同时存在。梨木虱的发生程度与湿度关系极大，干旱季节发生重，降雨季节发生轻。重要天敌有小花蝽、瓢虫及寄生蜂。

（四）防治方法

①冬季刮粗皮，扫落叶，消灭越冬虫源。

②3月中旬越冬成虫出蛰盛期喷药，可选用1.8%爱福丁乳油2 000～3 000倍液，5%阿维虫清5 000倍液等。

③在第一代若虫发生期（约谢花3/4时），第二代卵孵化盛期（5月中旬前后）可选用的药剂有：10%吡虫啉可湿性粉剂3 000倍液，1.8%阿维菌素乳油（虫螨光）3 000倍液，0.6%海正灭虫灵3 000倍液，28%硫氰乳油2 000倍液等。

六、鸟害

（一）鸟种类及其危害特点

危害梨果的鸟的种群主要是灰喜鹊、喜鹊，偶尔还有乌鸦和野鸽子等。从梨树品种上，先危害早熟果，如5月上旬危害绿宝石梨，5月下旬之后危害黄冠梨、绿宝石梨，7月危害黄冠梨、绿宝石梨、鸭梨，但相对绿宝石梨最重，其次是黄冠梨和黄金梨，鸭梨最轻。8～9月各种梨果都会受到危害，黄冠梨和黄金梨最重，9月鸭梨较重。从管理方式上，果实套袋不能防止鸟对果实的危害，鸟通常在5月初梨幼果期就迁徙至果园，此时梨果正在套袋，初期这些鸟只危害套白色蜡纸袋的梨果，很少侵食其他纸袋的果和未套袋果。原因可能是套蜡纸袋的果袋内水分丰富，且相对非套袋果和其他类果袋果实较嫩。它们在吃梨幼果的同时也喝掉袋内的水，尤其是在春季较干旱的年份。到5月下旬起，鸟开始侵袭各种套袋和非套袋果实。危害套袋果时，先用两个爪子将纸袋撕下，呈长条状破口，然后用尖嘴对果实啄食数个大小不同的破口，啄食部位变黑腐烂，果实伤痕累累。到梨果近成熟期，香甜的气味更增加了对鸟的诱惑，鸟往往成群结队，过后造成残果遍地，如同刚经过了一场暴风雨。果实采摘完毕后，鸟依然在果园中寻找落果及地下残果啄食，直至落叶，时间5～6个月。

一天中，清晨、中午、黄昏鸟活动最频繁，处于公路边，人、车经过比较多的果园，鸟害相对较轻，而比较僻静处鸟害相当严重，有的树到成熟期甚至只剩20%～30%的果实。鸟害不仅对果实造成伤害，使其失去商品价值，而且引发病虫进一步危害，极大降低了果品的产量和质量。

（二）鸟害的综合防治

在保护鸟类的前提下，综合运用声音、视觉、物理、化学等方法，提前防止或减轻鸟类在梨园的活动是防御梨园鸟害最根本的措施。不能等果实成熟了再驱鸟，因为一旦鸟品尝到鲜美的果品，就很难打断它们的这种习惯，同时驱鸟方法不能固定化，以免鸟类对环境产生适应。

1. 架设防鸟网 架设防鸟网既适用于大面积的果园，也适用于面积小的果园。同一梨园在不使用防鸟网的年份，每亩产量损失 150～250 千克，而使用防鸟网后，产量受损在 0.5%～1%，大大提高了果农的经济收益。

在防鸟网材料选用上推荐使用河北辛集推广应用的质地较轻的优质尼龙网，有弹性。网长 30～40 米，宽 3 米，网绳粗度为 0.2 毫米左右，网格大小为 5 厘米×5 厘米。每张网价格约 10 元，每亩架设 3～4 张网即可，成本只花费 30～40 元，果实采收后将网收起来，第二年可再用，防鸟网在正常年份可使用 2～3 年。

一般在每年 5 月中下旬开始架鸟网，在果园人活动少的方向架设外围保护网，沿果园的边缘埋设有一定粗度的结实竹竿，竹竿高 4.5 米，每 40 米埋一竹竿，将网绑缚在竹竿上，网高 4 米，这样就使果园与外部形成了一道隔离"墙"。在果树行间，顺沿行间方向，每隔 10～15 米一个网，这样按行间方向形成一排网，每隔 2～3 行架设一排网。架网方法是：在行间垂直于地面埋两根高 3.5～4 米的竹竿，两竹竿的距离 35～40 米，然后将网绑缚在两竹竿之间，使网的平面垂直于地面，网距地面留 70～80 厘米的空隙，并且要注意将网的上下边之间的稍粗的 5 根缆绳也要绑缚在两侧的竹竿上，在绑缚时注意稍抽紧缆绳，目的使网表面凹凸不平，有利于捕获鸟。在果园鸟类活动频繁的方向可以在行间多架网，而鸟类活动少的方向可以少架网或不架网。鸟钻进网眼被捕后，将其哀鸣声录音后要及时将鸟取出，放回大自然，以防止田间野猫等鸟类天敌对鸟的伤害。这样鸟经过捕获后就不敢再来，同时其他鸟见状，也会远远躲避起来，效果非常好。

2. 利用声音驱鸟

（1）电子声音驱鸟　最好在本地将架网后捕到的鸟的哀鸣声录音，有条件的制成电子模块，没有条件的可在田间放置录放机设备，声音设施放置在鸟类的入口处或梨园僻静处，不定时地大音量循环播放，由于是来自本地的它们熟悉的鸟类声音，更容易增强鸟恐惧感，鸟的哀鸣声还可吸引它们的天敌过来。也可将炮鸣声制作成电子模块后，效仿上述方法驱赶鸟。发声装置放置的地点应经常变换，让鸟类无律可循，无隙可乘。

（2）爆竹驱鸟　在鸟类出现频繁的时间和地点点燃爆竹，每隔30分钟1次，吓走鸟。有条件的梨园最好使用电子驱鸟炮，它有自动计时控制系统，可对设备进行编程，方便地对驱鸟器的开关进行控制，如在白天鸟类掠食不严重的情况下暂时停止工作。

3. 利用视觉驱鸟　在果树行间铺设反光膜，反射的光线可刺激鸟的眼睛，使其在阳光充足的天气下，不敢靠近果树。在鸟害比较严重的地方，于树体的上空悬挂各种颜色的发亮的塑料条，随着微风飘动，好像整个果园在晃动，而且可以反射太阳光，使鸟类不敢靠近。

4. 化学驱鸟　近年来有的果园采用化学药剂驱鸟，使用的化学药剂一般为"驱鸟灵"。驱鸟原理是通过释放某种化学气体，鸟闻到后感到不舒服而迅速逃离。其使用方法是：将驱鸟灵水剂稀释5～7倍，用150毫升左右的玻璃瓶盛装稀释后的药剂70毫升，吊在果树上较高的位置，尽量吊在遮阴处。每亩吊瓶8～10个，10米左右吊一瓶。由于该药剂价格昂贵，一般从危害最重的时间开始吊瓶，吊瓶10天后换药，应用50天，亩总成本150元，驱鸟效果好。

防治梨园鸟害总的原则以物理防治为主，尽量不使用化学防治，多种防治方法结合，即使是使用物理防治也要注意尽量不伤害鸟类，更不允许用化学药剂毒鸟，从动物保护的角度进行防治。

第四节　梨树生理病害

一、梨黄叶病

（一）症状

梨黄叶病主要表现在叶片上，多从新梢顶端嫩叶开始发生，初期叶色变黄，但叶脉两侧仍保持绿色，使叶面呈现绿色网状纹络。病重时叶片变黄白色，叶缘枯焦，或在页面上有褐色枯死斑块，易使叶片早落。严重缺铁时，新梢顶端枯死，甚至整株死亡。

（二）发病规律

梨黄叶病是由于树体缺铁而引起的一种缺素症，多发生于盐碱地或石灰质过多的地区，尤以苗木和幼树受害较重。各种果树均可发生黄叶病。盐碱地、钙质土、碱性土往往使土壤中二价铁被转化为不溶性的三价铁，不能被果树吸收利用，影响叶绿素形成，致使叶片黄化。地势低洼，地下水位高，土壤盐分常积于地表，易发生黄叶病，而山坡地发病较少。果树旺盛生长时，如果天气干旱无雨，土壤湿度偏低，表土含盐量增加，病害发生严重，进入雨季后症状减轻。在一株树上，新梢顶叶片发病重，基部老叶发病轻。

（三）防治方法

1. 农业防治　增施有机肥和埋压绿肥或生草覆盖。地势低洼、地下水位高的果园应注意及时排水减少地表盐含量。盐碱地果园，早春干旱，要及时灌水压碱，以减少土壤中的含盐量。

2. 化学防治

（1）土壤施铁　果树发芽前，用硫酸亚铁 30～50 倍液浸泡刻伤的侧根，每株树灌施药液 100 千克；在果树发芽前或落叶后结合施基肥，将硫酸亚铁与腐熟的有机肥按 1：5 充分混拌做成复合铁肥，均匀撒于环状施肥沟内根系周围，覆土后灌水。

（2）叶面喷药　于新梢旺盛生长期连喷 3 次硫酸亚铁 200～300 倍液加尿素 300 倍液或黄腐酸二胺铁 200～300 倍液、柠檬酸亚铁 1 000 倍液、硫酸亚铁 400 倍液加柠檬酸 2 000 倍液加尿素 1 000 倍液，对黄叶病均有良好的治疗效果。

（3）树干注射　果树发芽前树干注射硫酸亚铁 200 倍液加硫酸锌 200 倍液。

二、梨小叶病

（一）症状

梨树春季发芽晚，叶片狭小，色淡，枝条节间短，上面着生许多细小簇生叶片，病枝生长停滞，下部又长新枝，长出的新枝仍节间短，叶小，色淡。病树花芽少，花小，色淡，坐果率低，明显影响产量和品质。

（二）发病规律

梨树小叶病是因树体缺锌所造成的。果树缺锌时合成生长素吲哚乙酸（IAA）的原料减少，因而影响枝叶生长，出现小叶病现象。缺锌还造成多种酶活性降低。锌又存在于叶绿素中，催化二氧化碳和水生成碳酸根和氢氧根离子，所以缺锌也影响果树光合作用。土壤中含锌量很少，土壤呈碱性或含磷量较高，大量施用氮肥，土壤有机质和水分过少，其他微量元素不平衡，均易引起缺锌症。叶片含锌量低于 10～15 毫克/千克，即表现缺锌症状。

（三）防治方法

①沙地、瘠薄山地和盐碱地梨园，应改良土壤，增施有机肥。这是防治小叶病的基本工作。

②结合春秋季施有机肥，每株大树混施硫酸锌 0.5～1 千克。

③果树开花前对枝条喷布 0.3％硫酸锌加 0.3％尿素混合液，半个月后再喷 1 次。

三、梨缺硼症

(一) 症状

梨缺硼时春季2～3年生枝的阴面出现疱状突起，皮孔木栓化组织向外突出，用刀削除表皮可见零星褐色小斑点。严重时芽鳞松散，呈半开张状态，叶小，叶原体干缩，不舒展，坐果率极低。新梢上的叶片色泽不正常，有红叶出现。中下部叶片主脉两侧凸凹不平，叶片不展有皱纹，色淡。发病严重时，花芽从萌发到开绽期陆续干缩枯死，新梢仅有少数萌发或不萌发，形成秃枝、干枯。根系发黏，似榆树皮，许多须根烂掉，只剩骨干根。果实近成熟期缺硼，果实小，畸形，有裂果现象。轻者果心微管束变褐，木栓化；重者果肉变褐，木栓化，呈海绵状。秋季未经霜冻，新梢末端叶片即呈红色。

(二) 发病规律

土壤瘠薄的山地、河滩地果园发病较重；春季开花期前后干旱发病重；土壤中石灰质较多，硼易被钙固定，或钾、氮过多，均易发生缺硼症。

(三) 防治方法

①深翻改土，增施有机肥。开花前后充分灌水，可明显减轻危害。

②开花前、花后喷洒 0.3%～0.5% 硼砂溶液。结合施基肥，每株结果大树施硼砂 0.1～0.2 千克，施后立即灌水。

四、梨叶焦枯病

(一) 症状

1. 肥害造成的梨叶焦枯病 叶片变黄、焦枯，界限明显，并很快扩展到多半个叶片，造成大量落叶。

2. 水分失调造成的梨叶焦枯病 梨树外围延长枝、徒长枝前端叶片边缘或叶尖骤然变黄、焦枯，界限明显，发展很快，多半或全叶黄褐色、焦枯、变脆，严重时中短果枝前部叶片也变黄，叶上无病原物和孤立性病斑。用刀片斜削叶柄或新梢断面，木质部发白、变干。扒开表土，大量上层吸收根死亡。一般过10多天后症状缓解，长出的新叶不再发生焦枯现象。

3. 水涝型梨叶焦枯病 梨树枝条上部叶片逐渐发黄、焦枯、落叶，树下吸收根腐烂，有酸腐气味，侧根皮孔增大发青。

（二）发病规律

1. 肥害造成的梨叶焦枯病 春季梨叶旺盛生长期，降雨后树苗或幼树的叶尖或前部叶缘，2～3天之内突然大量变黄、焦枯，界限明显，并很快扩展到多半个叶片，造成大量落叶，有时过几天后焦枯范围停止扩展。检查焦枯叶上无明显孤立病斑和病原物。用刀片斜削叶柄或新梢，在断面用放大镜观察，可见到输导组织有变褐环纹。挖开焦枯叶较多一侧枝相对应的根部，可见到大量白色吸收根变褐，干枯死亡，有时可看到在死亡的吸收根周围有大量未腐熟的羊粪、鸡粪或鹿粪，有时见到尚未完全溶化的化肥，并有氨气臭味。此类焦枯病为肥害所致。由于肥料遇水溶化，土壤溶液浓度增加，造成叶片水分回流和死根。

2. 水分失调造成的梨叶焦枯病 夏季干旱，暴雨过后马上大晴天，部分品种梨树外围延长枝、徒长枝前端叶片边缘或叶尖骤然变黄、焦枯，界限明显，发展很快，多半或全叶黄褐色、焦枯、变脆，严重时中短果枝前部叶片也变黄，叶上无病原物和孤立性病斑。用刀片斜削叶柄或新梢断面，木质部发白、变干。扒开表土，大量上层吸收根死亡。一般过10多天后症状缓解，长出的新叶不再发生焦枯现象。出现此类焦枯病的原因比较复杂，与叶片水分蒸腾量骤然增大、根系衰弱、缺氧窒息、土壤溶液浓度过大致使水分回流及砧木接穗亲和性差等有关。

3. 水涝型梨叶焦枯病 夏秋季，雨水较多，梨园内地势低洼地块积水时间较久，梨树枝条上部叶片逐渐发黄、焦枯、落叶，树下吸收根腐烂，有酸腐气味，侧根皮孔增大发青。此类焦枯为水涝烂根所致。

（三）防治方法

1. 肥害造成的梨叶焦枯病　使用有机肥时一定要腐熟，与土拌匀后施入。追施化肥时应沟施，并与土拌匀，不要在根系较集中位置穴施。施肥后应灌水。出现此类焦枯后，应马上大量灌水，稀释土壤溶液浓度。

2. 水分失调造成的梨叶焦枯病　土壤干旱时应及时灌水，大雨天晴后应及时松土，增加土壤中空气含量和水分蒸发量。改良土壤，增施有机肥，促进根系发育。对历年常发生此病害的地块和梨树品种，可采用树盘覆草方法试验解决。

3. 水涝型梨叶焦枯病　果园积水时及时排涝，松土。可用双氧水（过氧化氢）200～300 倍液开沟浇灌，水渗后覆土，以增加土壤中氧气含量。

五、梨缺钙症

（一）症状

梨缺钙症仅见果实症状。初期，果面出现不规则凹陷斑，青绿色，有的逐渐变为褐色，病斑直径 2～8 毫米。病斑下面呈海绵状，褐色，味苦，深 5～13 毫米。发病严重时果面凹凸不平。有的果实外观正常，表面无明显凹陷斑，但剖视果肉可见不规则形褐色木栓化坏死组织，味苦。

（二）发病规律

发生缺钙的原因十分复杂，大致有以下几点：山地沙质土壤，有机质含量低，钙素含量少，并且钙容易流失或被固定；偏施氮肥，氮钙比值大于 20，容易发病；使用较多铵态氮肥，铵离子抑制钙的吸收；天气干旱，土壤水位下降影响根系对钙的吸收；气温高，光照强，叶片蒸腾作用强，叶片会夺取果实中的钙；树干连年环剥，根系生长不好，降低了对钙的吸收。一般幼旺树发病较重，结果大树发病较轻；大型果实发病较重，小型果实发病较轻。

(三) 防治方法

1. 农业防治 加强栽培管理，增施有机肥，埋压绿肥，实行节水灌溉，改善土壤理化性质，促进根系生长健壮，能增强对钙的吸收能力。

注意平衡施肥，严格控制氮肥施用量，重病园每亩氮肥施用量应控制在 5 千克以内，并避免使用铵态氮肥。

酸性土壤追施消石灰，每亩 25～50 千克，在开花前和坐果后分两次施入。沙质土壤施用硫酸钙、过磷酸钙或生物钙肥，每亩 40～50 千克。

2. 化学防治 叶果喷施钙肥，在落花后 30～40 天内喷施钙肥 3 次，在采果前 30～40 天内喷施钙肥 2 次。喷肥时应着重对准果实喷布，以增加果实直接对钙素的吸收。喷施肥料种类有：硝酸钙 200～300 倍液、氯化钙 200～300 倍液、氨基酸钙（氨钙宝）600～800 倍液、腐殖酸钙（高钙脱病）500 倍液、活性钙 500 倍液等。喷肥时在钙肥中加入硼砂 300 倍液可促进对钙的吸收和运转。喷钙时应避免在强烈的阳光下进行，防止发生药害。

第十一章

梨果实采收及采后处理

第一节 果实采收

多数梨品种果皮很薄，采收时极易受到机械伤害，因此梨果的采收问题必须引起足够的重视。如果采收不当，不仅降低产量，而且影响果实的耐贮性和产品质量，甚至会大幅度降低果园的经济效益。因此，采收工作完成的好坏，对梨园丰收和效益至关重要。梨果采收要做到适时采收，精心采摘，分批采收，才能保证梨果的质量。

一、采收期的确定和适时采收

一般采收时间的确定，主要取决于品种的成熟期、果实的消费用途（指鲜食、加工、当地市场出售、远销外地或出口等），当然也应适当考虑其他因素，如天气条件、劳动力、运输方式和距离、贮藏方法和市场需求等几个方面。一般大中型梨园必须根据以上因素，综合考虑确定采收时间以免出现不必要的损失。

采收时期早晚对梨果的外观和内在品质、产量及耐藏性都有很大影响。采收过早，果个尚未充分膨大，营养物质积累过程尚未完成，不仅产量低，而且果实品质差；同时由于果皮发育不完善，易失水皱皮；采收过晚，引果实过度成熟，易造成大量落果，贮藏中品质衰退也较快。另外，过早过晚采收都可能使某些生理病害加重发生。而适时采收就是在果实进入成熟阶段，根据果实采后的用途，在适当的成熟度采收。

梨果的成熟度可分为3种：一是可采成熟度。此时梨果接近完成生长发育过程，果实的大小、重量基本定型，以后再无明显增长。此时果实内物质的积累过程基本完成，果皮颜色开始由绿转黄但仍以绿色为主，食用品质较差但耐贮性强。这种果实在贮藏过程中，随着内部物质的继续转化，可表现出梨品种固有的外观特征和内在的风味品质。此时采收果实耐贮运，适于长期贮藏或远地运输。二是食用成熟度。此时梨果中积累的各种物质已适度转化，已具有该品种固有的色、香、味和外形，营养价值已达到较高点。此时采收的果实，果肉适度变软，含糖量高，风味最好。但耐贮性有所降低。适于及时上市销售、加工或短期贮藏。三是生理成熟度。此时种子已充分成熟，果肉开始软绵，并且淡而无味，营养价值大大降低，食用品质明显降低，果实开始自然脱落。除用做采收种子外，不适于其他用途。

果实的成熟过程是不可逆转的，一旦超过采摘要求的成熟度（一般不应超过食用成熟度），就会造成无法挽回的损失。因此，梨园管理人员需要根据果实的用途，准确的判断果实的最佳采收成熟度，做到适时采收。判断果实成熟度的常用指标有以下几种：

（一）果皮颜色

多数品种果实在成熟前果皮细胞中含有较多的叶绿素而呈现绿色。随着果实成熟，叶绿素含量逐渐减少，而呈现胡萝卜素的黄色，对于红色品种则由绿变黄变红。一般果皮颜色变为黄绿色时即为可采成熟度，黄色时为食用成熟度。目前，我国多数梨园采用这种方法。此法简单易行，容易掌握，但果皮颜色易受光照等多种因素影响，从而影响判断准确性。还有对于褐色梨品种不适用。

（二）果实硬度

果实在成熟过程中，原来不溶解的原果胶变成可溶解的果胶，硬度逐渐降低。用果实硬度计测定果肉的硬度，依此可判断果实是否成熟。此法简单易行，但是也有一定的局限性，因为果实的硬度易受不同果园、年份、品种、果实大小、栽培管理、光照等因素的影响。

（三）果实发育的天数

在气候条件正常的情况下，某一品种在特定的地区，从盛果期到果实成熟所需的天数是相对稳定的，可用来预判采收日期。如河北省中南部，适于中长期贮藏的鸭梨最佳采收期为盛花后155～160天（9月上旬至9月中旬）。但这个指标常受气候条件、栽培管理等影响。

（四）种子的颜色

梨果实种子颜色的变化与果实成熟度有关。梨果实成熟时，种子的颜色变为褐色。

另外，还可根据测定可溶性固形物含量、淀粉含量、可滴定酸含量及其呼吸强度等指标来确定。

由于影响梨果实采收期的因素很多，不同用途的梨果，所需要的成熟度也不一样。目前国内还没有一种统一的方法和标准。为了提高采收准确度，可根据2～3项指标应综合确定。

二、采摘技术

1. 采摘前的准备工作　采收前应进行估产，然后根据产量制订采收计划，合理组织劳动力，准备好采收工具、包装用品、分级包装场和运输车辆。签订购销合同和清理消毒贮藏库等项工作也应在采收前做好。并对参加采收人员进行必要的培训，以保证采收质量和提高劳动效率。

2. 采收方法　梨果实含水量高、皮薄肉脆，极易造成机械损伤，所以只能人工采摘并且要精心采摘。采收人员需剪短指甲，最好佩戴手套，以免采摘时造成划伤、掐伤，而影响正常的营运和贮藏。人工采收的工具主要有采果篮、筐、篓、采果梯和装果箱等。对于底部较硬的采果容器须内衬一层布或薄海绵以防扎伤、压伤果实。在梨园内由行间运抵选果场应以塑料周转箱为宜。

采摘梨果实时，先用手掌轻握果实，食指顶住果柄与果台处，将果实轻轻一抬，使果柄与果台自然脱离。采果时动作要轻，不可强拉硬扯，以防造成无柄果和拉伤果。无柄果不仅不符合商品要求，还会因断柄伤口极易引起果实腐烂。采下的梨果不应带有果台以免刺伤其他果实。

采收时，应按"先外后内，先下后上"的原则顺序进行采摘。采摘必须做到轻拿轻放，不伤及果枝。一株树采完后，将果箱置于树阴下，使其自行散热，等采完一行后用车运至分级包装场。套袋果可带袋采收。果实在转移过程中需轻拿轻放，严禁整篮倾倒或抛掷等现象，以保证果皮、果肉的完好。

采摘果实时应避开阴雨天气和有露水的早晨。因为这时果皮细胞膨压较大，果皮较脆，容易造成伤害；同时因果面潮湿，极易引起果实腐烂和污染果面。还应避开中午高温时采摘，因为此时果实温度较高，采后堆放不易散热，对贮运不利。

三、分期采收

分期采收指达到果实成熟期的梨果分期分批地进行采收。由于梨果实在树冠中所处的部位和着生果枝类型的不同，果实发育也存在差异，所以管理精细的梨园提倡分期采收。对于果实成熟不一致和采前落果较重的品种必须分期采收。这样既可减少落果，又能提高产量和品质。分期采收应制定采收标准，一般以果个大小作为衡量的指标。分期采收第一期先采收树冠外围和上层个头较大的果实，留下内膛和下部个较小的果实待采。分期次数可根据实际情况灵活掌握，生产中一般分2～3次采收，一般每隔 3~5 天采收一次。

第二节　梨果分级、包装和运输

梨果采收后，对于套袋果应及时送至脱袋车间，进行脱袋处理。由于多数梨果品种果柄较长，为防止在贮藏和运输过程中相互刺伤，可根据情况进行剪柄处理。对于未套袋果也可在采收后及时剪柄处理，再集中装箱并及时送至分级车间，进行分级处理。

一、分级

梨果分级的主要目的，使其达到商品的标准化。由于梨果在生长过程中受到树体环境条件、管理水平、营养水平和着生位置等因素的影响，使得梨果实个体间存在一定的差异。只有通过分级，才能达到梨果的一致性，从而实现产品的标准化，提高产品的经济价值。通过挑选分级，剔除各种伤残果、病虫果、腐烂果和畸形果等，避免或减轻一些危险病虫害的传播，从而减少在贮运过程中因病虫扩散而带来的损失；筛选出的果实可及时就地销售，以减少不必要的成本消耗。梨果分级后，要使得每个等级内的果实在果形、果个等方面保持一致，否则同一箱（批）内果实大小不一、形状各异、着色不整，就很难刺激消费，经济效益也会随之降低。

梨果分级前应先进行挑选，先将内在品质和外观品质不符合等级果要求者剔除，再根据内在品质优良程度、外观完好程度和果实大小（重量）进一步分级。

（一）挑选

分为内在品质挑选和外观品质挑选两种，内在品质挑选，首先抽样测定果实的重金属含量和农药残留量，超标者确定为不可食果，应集中销毁或作其他处理。其次，再抽样鉴定果实的内在品质，不符合等级要求者定为非等级果剔除，符合等级要求时再进行外观品质挑选。相关检测和安全要求可参照国家标准《蔬菜、水果卫生标准的分析方法》（GB/T 5009.38—2003）和《农产品安全质量无公害水果安全要求执行》（GB 18406.2—2001）。

外观品质挑选，就是将病虫为害、损伤较重及外观缺陷较重等不符合等级要求的果实剔除，余者再进行分级。可按照国家标准《鲜梨外观质量等级规格指标》（GB/T 10650—2008）（表 11 - 1）执行。目前多采用人工方法进行外观品质挑选，或借助选果台进行。选果台是一条狭长的胶皮传送带，工作人员分列两侧进行挑选。

表 11 - 1　鲜梨质量等级要求

项目指标	优等品	一等品	二等品
基本要求	具有本品种固有的特征和风味；具有适于市场销售或贮藏要求的成熟度；果实完整良好；新鲜洁净，无异味或非正常风味；无外来水分		
果形	果形端正，具有本品种固有的特征	果形正常，允许有轻微缺陷，具有本品种应有的特征	果形允许有缺陷，但仍保持本品种应有的特征，不得有偏缺过大的畸形果
色泽	具有本品种成熟时应有的色泽	具有本品种成熟时应有的色泽	具有本品种成熟时应有的色泽，允许色泽较差
果梗	果梗完整（不包括商品化处理造成的果梗缺省）	果梗完整（不包括商品化处理造成的果梗缺省）	允许果梗轻微损伤
大小整齐度	各等级果的大小尺寸不作具体规定，可根据收购商要求操作，但要求应具有本品种基本的大小。而大小整齐度应有硬性规定，要求果实横径差异<5 毫米		
果面缺陷	允许下列规定的缺陷不超过 1 项	允许下列规定的缺陷不超过 2 项	允许下列规定的缺陷不超过 3 项
①刺伤、破皮划伤	不允许	不允许	不允许

（续）

项目指标	优等品	一等品	二等品
②碰压伤	不允许	不允许	允许轻微压伤，总面积不超过0.5厘米^2，其中最大处面积不得超过0.3厘米^2，伤处不得变褐，对果肉无明显伤害
③磨伤（枝磨、叶磨）	不允许	不允许	允许不严重影响果实外观的轻微磨伤，总面积不超过1.0厘米^2
④水锈、药斑	允许轻微薄层总面积不超过果面的1/20	允许轻微薄层总面积不超过果面的1/10	允许轻微薄层总面积不超过果面的1/5
⑤日灼	不允许	允许轻微的日灼伤害，总面积不超过0.5厘米^2。但不得有伤部果肉变软	允许轻微的日灼伤害，总面积不超过1.0厘米^2。但不得有伤部果肉变软
⑥雹伤	不允许	不允许	允许轻微者2处，每处面积不超过1.0厘米^2
⑦虫伤	不允许	允许干枯虫伤2处，总面积不超过0.2厘米^2	允许干枯虫伤不限，总面积不超过1厘米^2
⑧病害	不允许	不允许	不允许
⑨虫果	不允许	不允许	不允许

（二）分级方法

经过挑选后符合等级果要求的果实，应根据内在品质优良程度和果实大小或重量进一步划分等级。目前国内梨果的分级多以外观完好程度和果实大小（质量）进行分级，按内在品质优良程度进行分级的还较少。随着国内外无损检测技术的不断发展，以

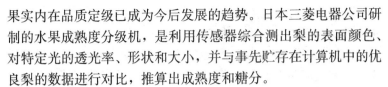

果实内在品质定级已成为今后发展的趋势。日本三菱电器公司研制的水果成熟度分级机,是利用传感器综合测出梨的表面颜色、对特定光的透光率、形状和大小,并与事先贮存在计算机中的优良梨的数据进行对比,推算出成熟度和糖分。

梨果分级方法有人工方法和机械方法。人工分级,带有主观因素,准确度低,果实损伤多,劳动成本高,经济效益低,现已无法适应当前国内外市场的需要。一家一户的小型梨园可人工分级,中大型梨园应采用机械分级的方法。机械分级就是利用果品分级机进行分级,其最大优点就是分级效率和精确度比人工分级大大提高。但由于机械的自动化程度不同,类型较多。对于规模不是很大的梨园,可采用人工与机器相结合的小型分级机。首先人工对梨果外观品质进行初步分级,再由分级人员将初选果放在分级机上。果实进入转送带,按不同的果重,自动进入不同的分区,再由分级人员放入不同的果箱中。这种分级机价格便宜,操作简便,比较适用。对于大型企业应选用自动化程度高的大型设备,这种设备分级效率非常高。有的分级设备采用计算机视觉技术同时完成梨果分级国家标准所要求的质量、大小、形状、颜色、果面缺陷等外观品质指标的检测,并根据检测到的信息进行实时自动化分级。

为提高工作效率和减少因倒果次数增加而可能对果实造成的伤害,分级工作应与采收及包装工作结合进行。

二、果面清洁和涂蜡

(一)果面清洁

果实采收后,未套袋果果面上会沾有尘土、残留农药和病虫污染等,严重影响果实的外观品质。可用高压气枪将果面上的灰尘、杂质吹掉,特别要吹掉果实萼洼或梗洼处的害虫及其残体,如康氏粉蚧、黄粉虫等,保证果面光洁,且不损伤果面。目前国内一般不对梨果进行水洗、消毒处理,如有特殊要求或必要时可利用消毒剂进行清洗消毒。所用消毒剂必须对人体无害，在果实中无残留，不影响梨果风味等。可选用的梨果清洗剂有稀盐酸、高锰酸钾、氯化钠和硼酸等。套袋果由于果袋的阻隔，果面尘土、残留农药和病虫污染等均较轻，可根据情况酌情处理。

（二）果实涂蜡

梨果在出售前，在果面涂蜡可增加果面光泽，降低果实呼吸强度，减少梨果营养消耗和水分的蒸发，防止果皮皱缩、失重，抵御外界病害侵染，防止腐败变质，从而改善梨果的商品性状，延长梨果货架贮藏寿命。目前，梨果市场一般不要求涂蜡。涂蜡种类主要有石蜡类物质（乳化蜡、虫胶蜡、水果蜡），天然涂被膜剂（果胶、乳清蛋白、天然蜡、明胶、淀粉等），合成涂料（防腐紫胶涂料等）3类。注意所用材料应根据生产无公害、绿色和有机梨果的生产要求，而选用各自要求中允许使用的物质。涂蜡前需进行果实清洗，否则达不到应有的效果。涂蜡方法，当前国内多采用机械操作（涂蜡机），也可人工涂蜡。不论采用哪种方法，都必须注意涂料的厚薄和均匀适当。

三、果实包装

包装是产品转化成商品的重要组成部分，具有包容产品、保护产品、宣传产品等功效，是果品商品化生产中增值最高的一个环节。根据梨果实的特点，包装应做到以下几点：一是采取缓冲措施，避免或减轻因挤压、碰撞、摩擦、震动等对梨果实造成的机械伤害；二是包装内部形成一个有利于梨果贮藏保鲜的环境条件；三是包装的外形及大小便于搬运、堆码和携带；四是装潢美观大方，能吸引消费者。梨果的包装，随着梨果的档次和市场的需求而定。优质、高档梨果应配以精美的包装、装潢，才能提高市场竞争力，提高售价。中低档梨果则可采用简易包装。

（一）包装容器

包装容器要求安全卫生，无有害物质、无异味，对梨果无不良影响；应具有一定的机械强度，以避免梨果在运输、装卸和贮藏堆码过程中造成的机械伤害，适应现代运输方式；应具有一定的通透性，以利于果品在贮运过程中散热和气体交换；应具有特定的风格，印刷各种彩色图案，有吸引力，便于产品的宣传和竞争；应符合国内、国际有关规定，如有些国家要求包装箱上不能有包装钉等金属材料；应材质轻便，易于搬运；还应具有一定的防潮性和成本较低等特点。

1. 包装容器的种类及特点

（1）纸箱　　纸箱是国内外果品贮藏和销售的主要包装容器，尤其是瓦楞纸箱，近年来发展较快，已在梨果包装中广泛采用。瓦楞纸箱的主要优点是：①箱体支撑力较大，具有一定的弹性，可较好地保护梨果；②重量较轻，且空箱可以折叠，便于存放和运输；③便于装潢印刷，有利于梨果的宣传和竞争。

目前常用的瓦楞纸箱，按所用纤维材料不同可分为两种。一种是木材纤维瓦楞纸箱，用木材纤维为原料加工而成，箱体坚挺、抗压力强，适于冷藏及运销时包装使用。另一种是秸秆纤维瓦楞纸箱，用稻、麦等作物秸秆为原料加工而成，成本较低，但箱体坚挺性及抗压力较差，且易受潮变软，仅适于短途运销使用。所以，应根据使用的范围和销售对象选择类型。冷藏、远途运输及出口销售的最好采用木材纤维瓦楞纸箱。

（2）塑料箱和钙塑箱　　塑料箱的主要材料是高密度聚乙烯或聚苯乙烯。钙塑箱的主要材料是聚乙烯和碳酸钙。这类包装箱主要优点是：①结实牢固，抗压性能强，比同规格的瓦楞纸箱高一倍以上，便于梨果的贮藏堆码；②防水、防潮，不吸湿变软，可适于各种贮藏场所贮藏使用；③外表光滑易于清洗，可重复使用；④机械成型，外形美观且成本较低。此类容器主要用于梨果的贮运和周转使用。

（3）其他类型　　随着一些新的包装技术的开发和应用，对果箱进行特殊技术处理，而具有气调的功能。在瓦楞纸衬上一层聚乙烯膜或箱体涂膜，或在箱体镶嵌硅膜作为气体交换窗。甚至利用纳米材料（纳米塑料、纳米涂层、纳米纸）来制作果箱。但以上类型由于成本和效果的原因，在实际生产中应用还较少。

2. 包装容器的规格　随着商品经济的发展，包装标准化越来越受到梨果经营者和消费者的重视。目前，我国梨果包装规格并没有统一的标准，往往因品种、产地和销售市场不同而存在一定的差异。总体来说，都是按果实数量或重量来设计包装箱。按梨果数量设计包装箱的，有6个、8个、10个、12个、20个等规格，用做包装精品果的包装箱，一般只装6～12个梨果。按梨果净重来设计包装箱的，有5千克、10千克、15千克、20千克等规格。我国出口鸭梨的果箱传统装量为18千克，按每箱装果个数又分为60、72、80、96等几种数量规格。但严格地讲，此种装量应属于运输和贮藏包装，作为销售包装略显较大。较为合理的做法是减少装量或为适应销售进行二次包装。

目前，还针对专供超市设计的插叠式纸箱，这种纸箱为了消费者便于选购，没有上盖且箱中只放一层梨果，箱底端四周分布有6个插槽，箱上端四周相应部位有6个插条，当箱箱叠放时，插条正好插入插槽内密接，方便运输和堆码。

3. 辅助包装材料　在梨果包装过程中，需要在梨果表面或包装箱内添加一些辅助材料，以增强包装容器的保护功能，减少梨果在装卸、运输过程中的机械损伤。常用的辅助包装材料有以下几种：

（1）包果纸　包果纸的主要作用是抑制梨果失水，减轻失重和萎蔫；阻止梨果体内外气体交换，减轻梨果呼吸活动；隔离病原菌侵染，减少腐烂；避免梨果在容器内相互摩擦和碰撞，减少机械伤害；具有一定的隔热作用，有利于优质梨果稳定的温度。包果纸要求安全卫生、无异味，质地柔软、光滑、有韧性。

（2）PE或PVC发泡网袋　这也是进行单果包装的常用形式。这种网袋质量轻且具有一定的弹性，能有效减轻果实间挤压碰撞造成的伤害。网袋要求所用材料必须无毒，适于食品包装，网袋大小应适当，能将梨果实包裹住。

（3）隔板和垫板　一般均用瓦楞纸制成。先在箱底平放垫板，再放入隔板，每格一果或两果；放好一层后放入垫板，再放入隔板，装满后加垫板，封盖。这样可有效地减少梨果在各环节的机械伤害。

（4）抗压托盘　用发泡塑料或纸浆制作而成。托盘上具有一定数量的凹坑，凹坑的大小和形状应根据包装的具体梨果来设计，每个凹坑放置 1 个梨果。凹坑间还可设计精美图案，以吸引消费者。抗压托盘在果箱中可层层叠放。托盘可有效地避免梨果间的挤碰而造成的机械伤害，同时也增加了梨果包装的美化。

（二）梨果装箱

一般大型梨果贮藏库，采收后只对机械伤、病虫伤果剔除并不进行分级，直接放在大型贮藏木箱，出库后再进行分级及商品化处理，装入上市销售的纸箱。中小型冷库流程简化，梨果入库前，将梨果分级后再装箱，出库后直接销售，不再倒箱。贮藏用的纸箱与上市的包装是同一种包装箱，只有在贮藏过程中，部分梨果出现了问题，需要进行再次选果加工时，才换新的包装。梨果装入容器后，应使之既可通气紧凑又不互相挤压，使容器得到充分利用。具体装箱过程如下：

1. 果面贴标签　高档梨果，每一个果上需贴一个不干胶商标，或技术监督部门监制的防伪标签。

2. 果实包纸　按梨果大小定制大小适宜的包果纸，包果纸的形状为正方形。一般将梨果果梗朝上平放于包果纸中央，将包果纸的四角向果梗处集中并将整个梨果包严。

3. 果实套网袋　梨果包完纸后，可再套 PE 或 PVC 发泡网袋；有时可不用包果纸包，而直接套上网袋。

4. 梨果装箱　在箱底和两层梨果中间，垫一瓦楞垫板，再根据隔板放入梨果。规格高的可用抗压托盘装果。先将托盘放入箱底，再将梨果逐个装入托盘凹坑中，装满一层后再放一托盘，一般一箱内装两层果，装满后其上覆一层纸板或发泡塑料板。对于没有剪柄处理的，装箱时应注意果柄的方向和位置，以免相互刺伤。加盖封严后，用胶带封牢或用打包带捆牢。

在每个果箱上，标明品牌、品种、净量、级别、产地、日期、生产单位等信息，对取得农产品质量安全、地理标志保护等证书的按有关规定执行。在同一批包装件内，必须装同一品种、同一级别的梨果，不能混等。相同规格的包装箱，装入同一级别的果，果数要相同，其梨果净重误差不能超过±1%。

四、梨果运输

运输是流通过程中的重要环节，也是梨果最容易受到损伤的环节。装卸时的挤压、碰撞和运输途中的颠簸、震动极易造成果实的机械损伤，不适宜的环境条件还易使梨果品质迅速降低。要根据水果运输的基本要求，结合梨果的特点，尽量创造适宜的条件，把损失降至最低。

运输工具应清洁、卫生、通风、无毒、防晒。在同一车厢、船舱内不应与其他有毒、有害、有异味的物品混运，用棚车或敞车运输时须加防雨篷布。无控温条件的夏季运输，应减少载运量，适当多留通风空间，必要时采取隔热措施；冬季运输时，应关闭车厢，温度不低于0℃，必要时覆盖保温材料。在运输过程中要做到快装快运、运输平稳。在装卸过程中要轻装轻卸，轻拿轻放，需注意包装件的上下方位，不能倒置。梨果运至目的地后应及时卸转库房贮存。

对于梨果的运输来说，最好的方法是实现全程冷链或采用气调方式。对于大中型梨果企业，最好采用冷藏集装箱来运输，这样不仅减少中间环节，还便于运输过程中公路、铁路和水路运输之间的联运。在装卸环节最好采用机械化装卸。

第三节　梨果的贮藏保鲜

梨果是季产年销的果品，尤其是中、晚熟品种采收后，只有少部分进入市场销售，大部分梨果需经一定时间的贮藏后，才陆续上市销售或加工。同时，随着人们生活水平的提高和国内外市场的需求，需要全年不同时期均有品质优良的梨果供应。因此，搞好梨果采后的贮藏保鲜，做到周年均衡供应，对于促进梨的生产和增加产值，是十分重要的。

一、梨果贮藏保鲜的条件

在梨果的贮藏保鲜环境中，温度、湿度和气体成分是影响贮藏效果的主要因素。

（一）温度

适当降低贮藏温度是梨果贮藏保鲜最基本的条件。适宜的低温条件，可有效地抑制梨果的呼吸作用，延迟果实呼吸高峰的出现和降低峰值，从而减轻成熟衰老的进程；抑制水分蒸发、减轻因失水造成的梨果失重和品质变劣；还可以控制病菌的滋生，避免或减少梨果的腐烂。

梨果的贮藏温度，主要取决于果实的冰点温度。一般认为，略高于冰点的温度是梨果最理想的贮藏温度。梨的冰点温度为$-1.5 \sim -3℃$，但不同品种间存在较大的差异。在实际操作中，考虑到安全性和品种的差异，贮藏温度可适当提高。中国梨（尤其是脆肉型）水分含量大，糖度较低，冰点温度较高，一般贮藏温度为$0℃$左右，不能高于$5℃$。大多数西洋梨品种适宜贮藏温度为$-1℃$。在贮藏过程中，由于梨果可溶性固形物含量有所升高，水分含量略有降低，引起梨果的冰点略有下降，因此，随着贮藏期的延长，逐步降低贮藏温度，可延长梨果的贮藏寿命。

梨果采收后，应尽快冷却至适宜低温。如降温缓慢，软肉梨果肉极易变软后熟，而脆肉梨果实黑心及腐烂会加重，对贮藏极为不利。但对有些品种如鸭梨，降温过快会引起低温伤害，果实黑心反而会加重，采用缓慢降温的方法贮藏效果较好。即采后在 10～12℃的温度下贮藏 7～10 天，以后每 3 天降 1℃，经过 30 天左右降至 0℃。

（二）湿度

梨果皮薄，汁多，容易通过果皮气孔蒸发水分，如失水过多，果皮皱缩，不仅影响外观，也影响梨果的品质；另外果柄也易失水变黑，影响美观。因此，梨果在贮藏过程中要求适宜的空气湿度。一般应保持相对湿度 90％～95％，冷库应保持 85％～95％。梨果贮藏中失水受品种果皮气孔的多少及开张度、蜡质厚薄、果胶多少的影响。一般果皮蜡质厚，皮孔少而小、果胶含量高的品种失水少。此外还受温度影响，温度越低，果失水越少，温度降至 0℃以下，失水几乎停止。因此梨果入贮后应注意库内湿度变化，低于 90％时，注意及时增大库内湿度。对于对二氧化碳不敏感的品种（如南果梨、酥梨等），可采用包纸、塑料薄膜单果包装、贮藏箱内衬塑料薄膜或塑料小包装等，可解决梨果失水问题。

（三）气体成分

梨果贮藏环境中，气体成分对贮藏效果影响很大，适当提高二氧化碳浓度，降低氧气的浓度，可抑制梨果的呼吸强度。从而延缓果实的衰老，保持梨果硬度和绿色果皮，减少自然失水，提高果实贮藏的质量。但要注意防止低氧的伤害和二氧化碳中毒。

多数品种对二氧化碳比较敏感，以前认为不适宜气调贮藏，但经过实践和研究发现，气调贮藏对延长梨果贮藏期、减少贮藏过程中的生理病害，具有明显的作用。现在较大的梨果出口企业已经进行梨果的气调贮藏，如河北省长城经贸果品有限公司和河北天丰农产品有限公司均有大型气调库。

不同品种对于气调贮藏要求也不同。如鸭梨贮藏要求最佳气体成分，氧气为 $10\%\sim15\%$，二氧化碳为 $0.5\%\sim1.0\%$。当二氧化碳浓度超过 1%，氧浓度低于 5% 时就会产生伤害。锦丰梨在 $0\sim1℃$ 下进行气调贮藏，氧气应保持在 $10\%\sim15\%$，二氧化碳保持在 $1\%\sim2\%$。雪花梨的气体成分，氧应控制在 $8\%\sim10\%$，二氧化碳控制在 $3\%\sim4\%$。京白梨气调贮藏气体浓度指标，氧为 $5\%\sim10\%$，二氧化碳为 $3\%\sim5\%$，二氧化碳浓度超过 6% 以上易产生伤害。巴梨气调贮藏气体成分标准为贮温 $-0.5\sim0℃$ 时，氧气浓度为 $1\%\sim2\%$，二氧化碳浓度为 5%。

另外，乙烯也是梨果贮藏环境中的一种重要气体成分。乙烯是一种植物激素，具有促进果实成熟的作用。随着梨果的成熟，产生乙烯，乙烯又促进梨果呼吸，加速梨果成熟和衰老。因此，减少乙烯的生成和降低贮藏环境中的乙烯含量，对于梨果贮藏意义重大。采用高锰酸钾可分解乙烯；气调贮藏也可抑制乙烯的产生；还可用乙烯脱除机降低贮藏环境中乙烯的含量，使梨果处于理想的贮藏条件下。还有一种乙烯抑制剂——1-甲基环丙烯（1-MCP）具有非常好的保鲜效果，尤其对于软肉型的梨品种，贮藏前期可基本抑制乙烯的产生。如京白梨、五九香在常温贮藏下存放期由 $7\sim10$ 天延长至 1 个月左右。

二、梨果贮藏设施

目前梨果贮藏设施较多，但大致分为两类：一类是通过合理的库体结构、科学地利用自然低温和温差为梨果贮藏场所创造出低温环境。此类方式和构造相对简单，成本较低，但贮藏效果不好，其中地沟、棚窖等基本淘汰，仅作为农户少量贮藏使用。另一类是利用机械制冷的方法，控制贮藏场所的温度来进行长期贮藏。虽然成本较高，但贮藏效果好。对于贮藏设施的选择，可根据当地的自然条件、贮藏期长短及经济、技术条件等因素综合考虑。

（一）土窑洞

土窑洞贮藏是我国西部黄土高原地区特有的传统贮藏方式，是目前我国西北地区民间分散贮藏的主要形式。

传统的贮果土窑洞一般多建于土层深厚的高原地区，选择质地黏重的土层和适当方向的崖坡或沟壑，掏挖而成。由于顶层覆土较厚（一般厚度在 5 米以上），其隔热性能较好，目前生产上使用较多。土窑洞库主要依靠自然通风降温，由于窑洞周围有深厚的土层包被，形成与外界环境隔离的隔热层，通过空气自然对流或强制通风，将外界自然冷源引入库内。由于以土为冷源载体，土层温度一旦下降就不容易升高。据研究推算，在年均温不超过 14℃的地区，均可采用土窑洞贮藏。一般冬季蓄存的冷量就可周年用于调节窑洞温度。如果在窑洞内存放冰块或配备小型机械制冷设备辅助降温，便于贮藏前期和后期的窑温控制，贮藏性能进一步提高，可满足梨果长期贮藏的温度条件。

（二）通风贮藏库

通风贮藏库是具有良好隔热性能的永久性建筑，利用自然通风或设有完善而灵活的通风系统，可利用库内外温度的差异，以通风换气的方式，引进库外低温空气，排除库内热空气，维持库内比较稳定的适宜温度。由于完全依靠自然冷源来调节库温，贮藏效果不够理想，所以，生产上常用通风贮藏库有以下两种改进型。

1. 强制通风库 这种库改自然通风为轴流式风机强制通风。风机安装在与库门相对一端墙壁的中上部，库门作为进风口，或再于库门两旁加开两个进风口，侧墙壁和房顶不再设通风口。这样，引入外界冷空气直接置换出库内热空气，降温快，控温方便，库温比较稳定。也可在库体外增设夹套间，使库体与周土层隔开。有的在库底设有通风道，在通风降低库温的同时，也降低库底土层温度。这些均有利于进一步稳定库温，增强贮藏性能。

2. 通风冷凉库 这种库是在强制通风库的基础上，安装小型制冷机进行辅助降温，有利于贮藏前期和后期库温的控制。通风冷凉库的前期库温可控制在 10℃左右，冬季仅利用自然低温即可控制在 0～1℃，3～4 月通过制冷机辅助降温可控制在 5℃以下。通风冷凉库的贮藏效果不如冷库好，但贮藏成本远低于冷库。

（三）机械冷藏库

机械冷藏库是在具有良好隔热效能的贮藏库中安装机械制冷设备，并通过电能带动机械制冷设备来控制库内温度、湿度和通风。冷藏库可以人为地调控库内温度，不受季节的限制，能充分满足梨果对低温的需求，可实现梨果的长期贮藏和市场的周年供应，是目前较好的贮藏方法。

冷藏库主要有土建式和组合板式两种。土建式冷库，建筑物的主体一般为钢筋混凝土框架结构或者砖混结构。内层安装隔热材料和防潮材料，建筑物外面以水泥抹面，以防受潮。这是目前建造较多的一种冷库。组合板式冷库，库板为钢框架轻质预制隔热板装配结构，其承重构件多采用薄壁型钢材制作。库板的内、外面板均用彩色钢板，库板的芯材为发泡硬质聚氨酯或粘贴聚苯乙烯泡沫板。由于除地面外，所有构件均是按统一标准在专业工厂成套预制，在工地现场组装，所以施工进度快，建设周期短。

制冷设备，主要包括压缩机组冷凝器、蒸发器、贮液器、膨胀阀等。其中压缩机是最为重要的组成部分。根据制冷剂的不同，可分为氨压缩机组（简称氨机）和氟压缩机组（简称氟机）。氨具有强烈特殊气味，对人体有害，为可燃物，达到一定浓度时，遇到火焰会发生爆炸，因此，在操作过程中应多加注意。氨机均为开启式，制冷机组设备较为复杂，但制冷量大，价格相对便宜，在我国大型冷库多为氨压缩制冷机组。氟机结构紧凑，安装方便快捷，容易控制。可分为开启式、半封闭式和全封闭式。目前，我国采用的氟机主要是半封闭式，在中、小型冷库中应用最多。氟机的制冷剂是氟利昂，有些型号破坏大气臭氧层，已限制使用。建议使用较为环保的氟利昂型号，如氟利昂134a。

（四）气调贮藏库

气调贮藏库是在机械制冷的基础上，同时对贮藏环境中气体成分加以调节控制，以获得比单纯低温更好的贮藏效果。降低贮藏环境温度，减少氧气含量，适当提高二氧化碳浓度，并保持合适的相对湿度。由此，可以大幅度降低梨果的呼吸强度和自我消耗，抑制乙烯的生成，减少病害的发生，延缓梨果的衰老进程，保鲜效果好、贮藏时间长，是现代化大规模贮藏的方向。

气调库一般由气密库体、气调系统、制冷系统、加湿系统、压力平衡系统以及温湿度、气体自动检测控制系统构成。气调库要求库体的气密性要好，尽可能减少外界气体对库内气体成分的干扰。气调系统是气调库中最核心的部分，保障气调库达到所要求的气体成分并保持相对稳定。整个气调系统包括制氮系统、二氧化碳脱除系统、乙烯脱除系统、温度、湿度及气体成分自动检测控制系统。

制氮系统的主要设备是制氮机（即降氧机），它能有效地脱除降低气调库中氧气的含量，方便快捷地控制不同容积不同初始状况气调库内氧气含量。当前最常用的是采用中空纤维膜制氮机作为降氧手段。

二氧化碳脱除系统主要用于控制气调库中的二氧化碳含量。梨果呼吸时所释放的二氧化碳，可增加气调库内二氧化碳浓度，适量提高二氧化碳浓度对贮藏保鲜有利。但是，二氧化碳浓度过高，则会对梨果造成伤害，尤其是一些对二氧化碳敏感的品种，因此脱除过量的二氧化碳，调节和控制好二氧化碳浓度，对提高梨果贮藏质量非常重要。活性炭清除装置是当前气调库脱除二氧化碳普遍采用的装置。活性炭清除装置是利用活性炭较强的吸附力，对二氧化碳进行吸附，待吸附饱和后鼓入新鲜空气，使活性炭脱附，恢复吸附性能。二氧化碳脱除系统应根据贮藏梨果的呼吸强度、气调库内气体自由空间体积、气调库的贮藏量、库内要求达到的二氧化碳气体成分的浓度确定脱除机的工作能力。

乙烯脱除系统就是将贮藏环境中乙烯脱除。目前普遍采用且相对有效的方法为高锰酸钾化学除乙烯法和空气氧化去除法。化学除乙烯法是在清洗装置中充填乙烯吸收剂，常用的乙烯吸收剂是将饱和高锰酸钾溶液吸附在碎砖块、蛭石或沸石分子筛等多孔材料上，乙烯与高锰酸钾接触，因氧化而被清除。该方法简单，费用低，但除乙烯效率低，且高锰酸钾为强氧化剂，会灼伤皮肤。目前，空气氧化去除法是利用乙烯在催化剂和高温条件下与氧气反应生成二氧化碳和水的原理去除乙烯，与高锰酸钾去除法相比其投资费用高。

自动检测控制系统的主要作用是对气调库内的温度、湿度、O_2、CO_2 气体进行实时检查测量和显示，以确定是否符合气调技术指标要求，并进行自动（人工）调节，使之处于最佳气调参数状态。

三、冷藏库贮藏

(一) 贮藏前准备

梨果入库前，将库内赃物、垃圾等清理干净。并对库房进行消毒处理。消毒的方法，可采用药物喷雾消毒法，用 2%～4% 福尔马林或 4% 漂白粉溶液在库内喷洒，地面和墙壁均要喷到，不要留死角。密闭 2～3 天，通风后使用。库内所用容器、垫木等清洗干净后，放入库房中与库房同时消毒。由于梨果皮对二氧化硫较敏感，故不宜使用硫黄熏蒸进行库房消毒。库房消毒后，夜间通风，白天关闭，以充分降低库温。梨果入贮前 1 周将库温降到 0～3℃，以消除库体内热量，使梨果入库后迅速降到适宜的温度，然而，对于某些冷敏品种，如鸭梨，库房预冷温度以 7～10℃ 为宜。

（二）梨果入库

梨果的贮藏效果，应从采收开始注意，适时采收，采收后及时分级包装，防止机械伤害。贮藏前进行预处理。梨果刚刚采收，带有大量的田间热，梨果本身呼吸作用旺盛，放出热量较多，如果采收后立即入库贮藏，梨果易发热腐烂，影响品质和缩短贮藏，因此必须进行预贮。可将刚采收的梨果放在通风良好、地面干燥、温度较低而稳定的室内或树荫下堆放，白天盖席遮阴，夜间揭开降温，一定防止雨水渗入果堆内。一般预贮梨果在不受冻的情况下，适当晚入库较好。预贮过程中注意，不要使梨果水分过度蒸发而发生萎蔫，预贮措施多在普通贮藏库贮藏时采用。若在冷藏库和气调库贮藏，可不经预贮而直接入库，贮藏效果更好。

经过预冷的梨果入库后，进行果箱堆码。果箱堆码应本着"既稳固又通风"的原则，一般果箱按梅花式或井式的方法堆码，垛底部用木托板垫起，这样既方便插车搬运，又利于通风降温。垛之间也要留有通道，以利于通风和管理，垛距至少在10厘米以上，果箱距库房天花板50厘米以上，垛高不能高于冷风机的冷风出口处，以防梨果受冻害。每个贮藏间原则上只贮藏一个品种的梨果，如果是具有相似耐藏特性和成熟度的不同梨果品种，也可同库贮藏。但无香气品种不得与香气浓郁的品种混贮。

（三）贮藏管理

贮藏管理主要是调控库内的温度、湿度和通风换气等。

1. 调控温度　梨果入库前要开机制冷，将库温降至0℃。梨果先经过1~2个夜晚的预冷后，于清晨入库，每天入库量不超过库容的1/10。梨果入库后要尽快将温度降至0℃。按照梨不同品种贮藏所需要的温度，给予适宜、稳定的低温。要防止库温过度波动，贮藏过程中尽量保持库温的相对稳定，最好将库温控制在0.5~1℃。为了便于掌握贮藏库各部位的温度情况，可在库内不同位置设置5个测温点。入库初期，每天至少检测库温和相对湿度两次，以后每天检测一次，并做好记录。对于像鸭梨等对降温敏感的品种，可采用缓慢降温方式。

2. 调节湿度　梨皮薄易失水，所以应注意贮藏过程中对相对湿度的调控。应保持贮藏品种要求的相对湿度，大多数梨果品种为90%～95%。当库内湿度过低时，可在地面洒水或在库房地面铺湿锯末，或在冷却系统鼓风机前安装自动喷雾器，随着冷风吹出，将水雾送入库房，增加空气湿度。

3. 通风换气　梨果在贮藏过程中，会释放出二氧化碳和乙烯等不利于贮藏的气体。当库内二氧化碳大于1%或库内有浓郁的果香时，应通风换气。每次通风30分钟左右，时间应选在清晨外界气温较低时。也可在靠近风机的位置（回风处）放置石灰和乙烯脱除剂。

4. 梨果出库　梨果出库时，若温差过大，果面易结露，果皮颜色发暗，品质变劣。所以梨果出库前，应先在库内经过缓慢升温，使梨果与外界温差小于5℃时再出库。

四、气调库贮藏

目前，在我国部分产区和梨果出口企业已进行梨果的气调库贮藏。贮藏过程除对气调系统的控制外，其他环节和冷库贮藏基本一致。气调库贮藏要求梨果入库速度快，尽快装满、封门并调气。贮藏过程中要尽可能减少开门次数；出库时，最好一次性全部出库，或短期内分批出完。

梨果气调贮藏虽能获得更好的贮藏效果，但不同品种间的梨果对气调指标的要求差异较大，若控制不当，极易引起二氧化碳中毒或无氧呼吸，反而降低贮藏效果，甚至造成损失。因此，必须根据不同品种的特性，每库仅贮藏单一品种或对贮藏条件相近的品种，以便严格控制库内的温度、湿度和气体等环境条件。主要品种适宜气调贮藏条件及贮藏期见表11-2。

表 11-2　主要梨品种适宜的气调贮藏条件及贮藏期（仅供参考）

| 品种 | 温度（℃） | 气体浓度 | | 预计贮藏期 |
		氧气（%）	二氧化碳（%）	（个月）
鸭梨	10～12→0	10～12	＜0.7	8
库尔勒香梨	0	8	1	8～10
砀山酥梨	0	6～7	3～5	7
茌梨	自然降温	前期3～5 后期4～6	前期3～5 后期1～2	4～5
南果梨	0	5～8	3～5	5～6
京白梨	0	5～10	3～5	4～5
二十世纪	−1～1	3	≤1	4～6
金二十世纪	0～1	3	0	4～6
锦香梨	0	3～5	0～5	4～5
安久	−0.5～0	1.5	0.3	9
巴梨	−0.5～0	1	0	4
考密斯	−0.5	1.5	1.5	6

彩图1　红香酥

彩图2　三季梨结果状

彩图3　雪青

彩图4　玉露香梨

彩图5　新梨7号结果状

彩图6　地膜覆盖，主干套袋

彩图7　刻芽

彩图8　利用副芽培养树形

彩图9　拉枝

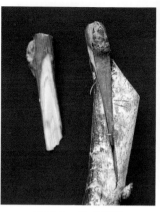
彩图10　单芽腹接

彩图11　地膜绑缚

彩图12　纺锤形树形

彩图13　大树树体改造与高接换优

彩图14　高接梨树当年拉枝

彩图15 密植西洋梨园（荷兰）

彩图16 疏果

彩图17 果实套袋

彩图18 套袋果（左）与不套袋果（右）

彩图19 角额壁蜂蜂房（花期授粉用）

彩图20 行间生黑麦

彩图21 行间生草，行内覆盖（紫花苜蓿）

彩图22　节水灌溉（微喷）

彩图23　弥雾机打药

彩图24　堆沤有机肥

彩图25　梨木虱为害状

彩图26　腐烂病病斑

彩图27　梨果实锈斑

彩图28　黄金梨贮藏期褐心病